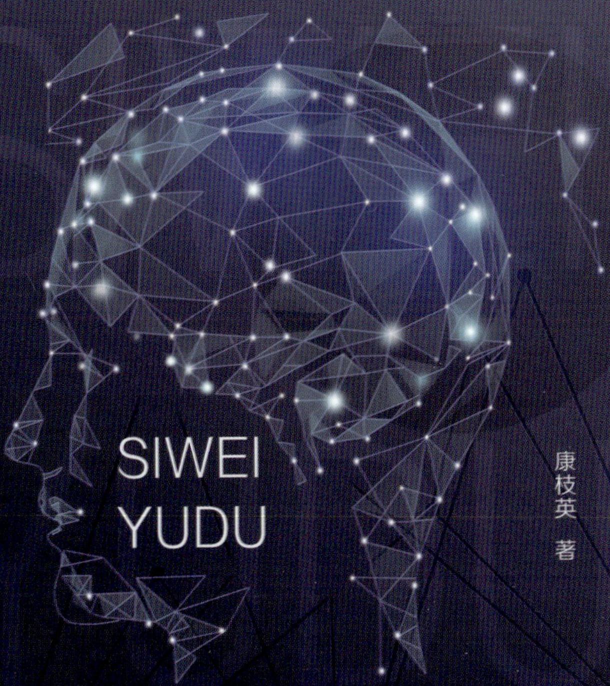

思维域度

SIWEI YUDU

康枝英 著

内蒙古人民出版社

图书在版编目(CIP)数据

思维域度／康枝英著.—呼和浩特：内蒙古人民出版社，2020.12

ISBN 978-7-204-16505-6

Ⅰ.①思… Ⅱ.①康… Ⅲ.①思维科学-通俗读物 Ⅳ.①B80-49

中国版本图书馆 CIP 数据核字(2020)第 227202 号

思维域度

作　　者	康枝英
责任编辑	于汇洋
封面设计	安立新
出版发行	内蒙古人民出版社
地　　址	呼和浩特市新城区中山东路 8 号波士名人国际 B 座 5 楼
网　　址	http://www.impph.cn
印　　刷	内蒙古恩科赛美好印刷有限公司
开　　本	880mm×1230mm　1/32
印　　张	6.75
字　　数	150 千
版　　次	2020 年 12 月第 1 版
印　　次	2021 年 1 月第 1 次印刷
书　　号	ISBN 978-7-204-16505-6
定　　价	40.00 元

如发现印装质量问题，请与我社联系。联系电话：(0471)3946120　3946173

引以思域探究
深入人望奥妙

序 言

田 彬

2019年盛夏的一天，在一次宣传非物质文化遗产的讲座上，与康枝英女士相识，余暇通过短暂的有关创作思路的交流，我受到了康女士的恳切邀约，为她的新作《思维域度》一书作序。

随后，陆续阅读了康女士的部分相关作品，更觉她思想飞扬，文风独特，理性通达，文采华美。该书主要探究人看待事物的思维走向，对人性和事物的延伸、发展所形成的规律，进行了多方位、深层次的剖析，并用参与到人和事物的发展和建设中的体验，以从简至繁、又由繁至简的深化洞察和深度探究，以正向思维的逻辑递升，以外缘向内缘的关联引索为导向，对所探究的事物逐一进行了正反面双向思维的反复推敲和辨析论证。文思线条分明，观点立意明辨，逻辑思维缜密，极具哲理思考和建设性的意义及价值。

现代社会中的人们会产生各种纷扰或各类思想困惑，而本书中的思维引导，有助于读者从中获取不同程度的转化与消融，在思维困局中起到一定意义上的疏导作用。在文学创造和探伸的道路上，康女士引申出了一种全新思维模式的目标和方向，给人以截然不同的审视角度，以及别具一格的认知理念和阅读感受，希望她在这样一个全新的哲思领域里，开拓出更广袤的文思天地，使一种好的文化得以永久延续。

2020 年 1 月 6 日

注：田彬，中国作家协会会员，国家一级作家，原内蒙古作家协会秘书长、副主席，内蒙古日报社机关服务中心主任，内蒙古社会科学联合会理事等。

引 言

  本书主要以对人的思想和生活及事物所形成"逻辑学"的深度探索为线索，结合感性思维和理性思维的特点，对事物从外向内层层分化和解译，以及对人的思维域度的宽广和可无限延展的潜能，从不同的角度展开论述，并加以思想推敲和哲理思辨。

  论事态品人生百味，剖思维谈独有见解，有批判性思维的辨析，有犀利言辞的辩证。同时，对于任何事物的隐匿现象，以从繁至简的深化洞察力和探究力，多个视角、多重结构地阐释了个人独到、鲜明的思维分辨和阶阶递进的思想见地。

  书中着重以对人的思想延伸和对事物所形成的发展规律为重点，从边缘摸索到深部，再由深部返璞归真地简化思维模式，反复推敲，摸索出一种适用于各种场合、各种阶层及各类人群的全新思维理论方式。引导人们：面对任何事物，"须以真务实，莫以痴为专"，不要过度沉溺于不切合实际的幻想；"莫以死堵死，须以活注活"，不要过度专嗜于任何事物中走不出的死角，尝试揭开内心世界的朦雾迷罩，或许，迎接我们的正是外面世界的斑斓焕彩。

无论是面对事业的挫败、人生的逆转、苦难的抨击,希望读者都能从书中找到化解方法加以调试,并在最短的时间内快速修复自我、重建思想和再塑行为。

目录
CONTENTS

哲思篇

第一章 ·· 3
 简单这回事儿 ·· 3
 方向在哪儿，努力就在哪儿 ·· 5
 发现好思想 ·· 7
 内心深处的回答 ·· 9
 擦出灵性火花 ·· 11

第二章 ·· 13
 初心之美 ·· 13
 深刻了解务须 ·· 15
 不同阶段的价值取向 ·· 17
 探寻合乎心意的有效定向 ·· 19
 走对的方向 ·· 21

第三章 ... 23
启迪人类智慧的金钥匙 ... 23
人脑是测盘 ... 25
何为有效生命质量 ... 27
好物叠加值 ... 28
人的内心深处都有几分恋母情结 ... 30

第四章 ... 32
边缘恰到逢生处 ... 32
人性的韧带可无限延伸 ... 34
失之东隅,收之桑榆 ... 36
自知从容 ... 38
域度 ... 40

第五章 ... 42
问人谋事先责己 ... 42
错的状态在本身 ... 44
思维角度异存 ... 45
对立面 ... 47
互补与互缺 ... 49

第六章 ... 51
事物的完与缺 ... 51
完整的意义 ... 53
人须有觉知选择思维 ... 55
唯心唯物主义观 ... 57

问题效应 ... 59

第七章 ... 61
　　关系磁场链 ... 61
　　关系中的情谊纽带 ... 63
　　事必熟思远虑 ... 65
　　小心驶得万年船 ... 67
　　来一场与自我的谈判 ... 69

第八章 ... 71
　　觉醒 ... 71
　　浓缩的痛是精华 ... 73
　　享受孤独 ... 75
　　主宰自我 ... 77
　　对的存在才更有意义 ... 78

第九章 ... 81
　　无敌思维 ... 81
　　以外在思维解析内在逻辑 ... 83
　　外化源于内化本身 ... 85
　　支点可化，局不可乱 ... 86

第十章 ... 89
　　时间点移位 ... 89
　　生存法则绕指柔 ... 91
　　结论中得出结论 ... 92
　　为自己发声 ... 94

论 道 篇

第一章 ·········· 99
　　文字里的趣味 ·········· 99
　　探寻文中之灵 ·········· 101
　　时代迁渡,文化将何去何从 ·········· 103
　　反思文化脊梁今何在 ·········· 105
　　守住文化尊严 ·········· 107

第二章 ·········· 109
　　潮流产物 ·········· 109
　　时代病灶 ·········· 111
　　互联网时代别晕车 ·········· 113
　　幻梦不是生活 ·········· 115
　　存有一份敬畏的情怀 ·········· 117
　　先文明后阔步 ·········· 118

第三章 ·········· 121
　　悟道 ·········· 121
　　生活就是一场博弈 ·········· 123
　　识人看什么最重要 ·········· 125
　　爱的思维论 ·········· 127
　　如何测定情感含金量 ·········· 129

第四章 ·········· 131
　　导向识别力 ·········· 131

薄与厚 133
定位在于比量 135
思维的两端 137
趣味解译人生 139

第五章 141

承担是一种气度 141
假如时间可以倒带 143
识得痛苦便是慈悲 145
生活造就艺术 147
极简的至上 149

第六章 151

世态名利场 151
行走的姿势 153
每一种美 155
人间烟火 157
什么是好的交情 159
真知己的好模样 160

第七章 163

把准人生航向 163
干啥都要有点真材实料 165
攒够熟的量 167
最玄错位 169
血诗泪 171

第八章 173
生死蜕变 173
生死有命也有长 175
人生易走难守 177
事物与生活能容难同 179
失败是道坎,人人终须过 181

第九章 183
引爆生命能量 183
怀大可渡疆 185
逆道坦途在人心 187
识人所长,避人所短 189
时间沙漏 191

第十章 193
原来的样子 193
原委相衡 195
以冥想穿度春秋 196
让未来留在未来揭开 198

后　记 201

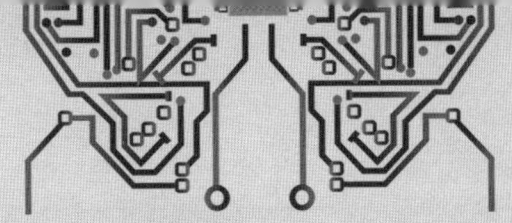

SI WEI YU DU

哲思篇

第一章

简单这回事儿

简单,这个词很广义,却也比较狭义。

在我的思想认知当中,我想可以分为以下几个层面,来理解和定义。

所谓简单,就是指我们对于某种事物投射的感知效应,在思想内第一时间所产生的感应或者条件反射。所谓纯真,是指多数人在踏入社会之前,还未受到任何环境的感染和熏陶,还未被各种事物或者任何信息产物导向和影响时,人们自身潜在的一种本性的纯度,这也可理解为是一种形式的简单。所谓复杂,则是指被修饰、艺术化后的各种事物,所呈现出的另一种带有美感或者让人感到深奥的比较精度化的简单。

或许,我们会在偶然的情况下接触到某些新鲜事物,会让当下的我们来不及去反应、去感知。一些事物所带来的相对生疏的呈现模式,会打乱我们思想原有的运行节奏,不能及时跟进,会让我们感到茫然或者措手不及。原因可能是,我们一直都在各自原本的航线规划中,探索和追寻各自的目标或者已定计划的内容,并没有做过其他领域的设想和打算。那么,这些事物的介入,完全是一种意外的出现。这个时候,我们应该努力去平衡这两者之间的关系。

起初我们不以为这种事物是真实的,且让我们产生极大的好奇心,很想去识别和确认这种信号的传达,是否确实是真实的存在。在面对一种完全没有设定,没有任何准备或者预兆的事物突来时,这应该是一种本能的第一感知和条件反射。或许,我们都有过类似的体验。这种情况原本也该归为一种很正常的表现,它是没有任何计划和起意的正常思维反应和行为跟进。

简单,说得直白一点,可理解为天真或者无知的一种表现。人在没有被各种社会事、人情事所困扰时,思想和内心都是保留了几分纯度的。而在步入社会后,参与到一些事物中,也受到了一些思想和信息产物的导向,对事物有了超越原始思想的一些新的认知。但是,在遇到一些突发事件和情况时,还是想尽可能、尽全力地守住这份简单,因为这一念在我们的印象深处,自始至终都充满了善意。

那么,在另一种相反的层面上,我所理解的复杂可分为以下两种解译:

一种情况是与生俱来的,是随母体本身存在的原始基因而生成的,是受父母、兄弟姐妹或者家族成员的遗传和影响,自身携带的一种基因成分；另一种则是由简单进化而来的。

有时候，我们在与人打交道或交流时，担心会因表达方式不正确造成言语触碰，或者由某一种意外事件引起的烦恼，进而产生不愉快而伤了和气。这时，我们通常会选择一些方式方法，小心地去避免或者去化解所面对的任何突发情况。一般会采用比较中和的态度，尽力去糅合，尽可能地排除一些矛盾的生成，往往会从语言的角度转换或者用处事的态度去平衡，去把一些太过直接的语言、行为加以修饰，避免造成不必要的再生碰撞。如此，便会是另外一种感受和体会。

▮▮方向在哪儿，努力就在哪儿

人应该随着心性自然地去生活，我们常常约束小孩子，要学画画，要学跳舞，要多学一门技艺，却往往忽略了孩子本身的意愿。顺从孩子的天性，这当然不是放纵，而是允许他们对事物进行选择。在我看来，人在成长的过程中，本身就会带有每个阶段的自我意识规范和自我约束的隐性识别能力。

不管是大人还是小孩子，如果我们以他的乐趣、爱好为侧重点，向着这个方向去激发和培养他的志趣，那么就等同于挖掘这个人的潜能和塑造他的才能。他们会更加愿意在自身的爱好中多动脑筋，这样也容易推动和助长他们的兴趣和学习能力，甚至调度他们的超常发挥。因为，一个人的强项和兴趣如果缺乏持久、连续性地探索和提升，就将会归于原点，甚至退化。

可以说，一个人的兴趣就是一个人的方向，它在不同的阶段里会有不同层次的延伸和开拓，并会产生新的创造和研发。比如说，某个小孩子酷爱钻研文学创作，在这方面也有着超越同龄孩子的天赋和高效的学习能力。这时，如果家长擅于发现，并朝着这个方向去栽培孩子的话，那他学习的进程便会有意想不到的效果和收获。照此长期延续下去，便很有可能超越他自身的悟性，实现跨越性的开发和创造，颠覆自身的能力和想象，成为所在行业内的业界精英，甚至成为伟大的发明者、创造者。

人们无论有什么样的爱好和志趣，从事什么样的行业，一旦开始钻研，都会一步步地入鞘，会从边缘处一直向更深层次探索。层层递进的过程就会成为一种兴趣和方向，找到探索和突破问题的奥秘和诀窍，更是享受超越的一种快感和满足。整个钻研的过程，其实就是不断探索和发现问题，以及如何动脑解决问题的过程，我们尝试去打开每一道思想通道的窗口，都会有不知所以的好奇和豁然开朗的振奋，自然也会在轻松、快乐中储备和收获更多的技能和知识。

选择规范好一种志趣的投放，定位好一种行业的方向，将我们所有的耐力和精力大幅度地倾注到这个方向之中，把我们平时不易被触发的潜藏的思维线索，通过选择某种志趣和行业方向，最高效率、最大限度地开发出来。我们把自身思维线索的探寻构架，一步步地融合到某种行业规律的形成构架探寻中，在每每发现和延伸到一种新的思想高度时，这两者之间所产生的同律效应，都会将我们所投注的某种事物或者某种事业发展的进程，带到一个跨越常规的高度。

毋庸置疑,我们所倾注的方向在哪儿,所投放的努力就会在哪儿,所获得的反馈成效就会在哪儿。它是可以带动和影响我们每个人一生的事情。

发现好思想

擅长挖掘和接纳好的思想,珍爱一切生命本源。

一个人的思想再丰富,都会有遗漏和卡顿的时候,这时,我们就需要借助别人的智慧,来挖掘我们更深层、更隐秘的内涵和思想见解。也许,只是不经意间的一个简单的提示,就可以使人茅塞顿开,就此参悟到一种好思想的端源。

在这样一个我源与他源的自修与建修的过渡中,我们不仅要擅长搭建一种好思想形成的有效机制,同时,更需要接纳它在不同阶段里修成和延伸的线条随时可能发生的演变,并能将它完整地融合到我们本身思想的源起,以我们本身自修所蕴含的内化力量,来溶解和吸取它的精髓。

与此同时,最可为我们重视的一点,就是要友好地珍视一切可以帮助我们开拓思想、升华思想的,所有外在的出自生命本源的每一种力量和引申可塑思想的端源,珍爱一切友善的别人和本源思想深处的自己。

在挖掘和搭建一种好思想的过程中,我们除了要对自身修为和造诣进行提炼之外,还需要在与一些事物碰撞的互动中,开启、拓展思想深处更为隐秘的思路和产生新的思想线条,来引导我们随时可以进入任何事物中,保持深度思考的习惯,从中截取有用的部分,体会和感受当中的奥妙之处,再将所感所思灵活地运用起来。这是我们在建设任何一种好思想的过程中,必不可或缺的一个有效步骤。

唯有接触最本源的生活、人和事物,我们才可以从中获得最深层面的思想共鸣,觉察到当中最为纯粹、最为干净的思想源泉;唯有对一些事物从外向内地深入,我们才能在共同参悟事物的等量对接和交替中,获得最本源的真知灼见。我们对于某个人物或者某件事物的每一次深层面地挖掘,只要是来自我们或他人最本真和最本源处的东西和思考,那便是最为珍贵的部分。

这些发自生活和事物本源的觉悟和感知,这些最该受尊重和珍视的精神食粮和凝结思想的原动力,就好比幽谷深处的一股甘泉,越发探寻越觉神秘,越发品味越得甘甜,越发深入越靠近源头,越植入根源越滔滔不绝。同样的道理,我们开掘任何一种思想的组建过程,也正如这种步步为题、步步解惑的思想探寻路线,能助推我们打开一扇又一扇思考之窗,挖掘出更多好思想,并不断繁衍。所以,这些本源处的探索和汲取,更需要我们以高度的热情和尊重的态度去接纳。

即便未来有一天,随着时间的转化,一些源动的事物会一步步走出我们参与的视线,或者由于外化环境的轮回变换,相互间的思想共鸣也逐步淡出同修的线条,唯有那种思考和思维的建修,值得我们永久地用心去珍藏和保存。

内心深处的回答

觉察任何事物的本质，都需要我们以睿智、明辨事理的洞察力去判断和审视。面对形态各异的不同事物，如果不根据事物形成的各式特征去分辨和定夺，缺乏稳健的自我主观思想意识的维辨，只是一味地顺应大流意识倾向随风倒，而忽视了自我的省察力和对待事物的客观辨析能力，显然是一种不够理智健全的思想和行为。

譬如，对于一些事物外在的揣测，和一些暂时无法判断、确定的事物枝节，有些人会坚持以自我审察事物的思维角度并结合他方审辨事物的多维角度，去衡量事物本身的可生发性，以一定的比例去测定，以事物本质的定量为单位来划分，去听取各个层面的不同意见，作为量定事物的参考和辨析。当然，我们也会选择性地接纳自己认为正确的观点，最后综合所有的参见点，做出自我理性的分辨，对事物加以均衡定位。

我们每走过一段路时，都需要停下来或者放慢脚步，回头审视一遍，发现和唤醒那个最真实的自己，和自己的内心进行一次深层次的对话，问一声："这样做真的对吗？是我们内心真实想要做的吗？"然后去倾听本心和灵魂深处的回答，探查我们内在最真实的那个声音，再对所感知事物的所行方向加以规范和纠正。在恰好的路上重新启程，做刚好的自己，选择我们真正想要去完成的目标，在一条正确、合宜的路线上，去创造和实现一些与自我价值对值或者突破自我价值再造的事情。那毫无疑问,我们对于这件事情的测定和可延续方向也都是正确的。

因为,任何一种事物的生发和存在,只要我们能站在事物本源的立场上,去看透事物原有现象中的本质,就会产生对事物最本源的认知,便不会横生额外的节点或者减弱对待事物的觉知能力。那么,事物向我们所释放的任意讯号,和外围所集合的信息参照,以及我们自身如何去选定和审视事物本质的立场,这就需要从多维度的思考中,先确立和定位我们自身的思考方向,再结合和选择所有我们认为正确的观点和与本身思想立场一致的观点,做出对于事物的测定和评判,这样才会更加全面和通辨。

人和人、事和事本身就该是一个和谐的共融体,不应该产生太过复杂的矛盾划分。只是,有时我们看待事物的角度,都有着各自的参照面,和我们各自多重思维的思考方向、价值定位及所在立场都各不相符。所以,会对同一事物或者不同事物产生各异的评定结论。但是,所有好的思想和观点,它的共存面多数是互通的,向好的出发点都是正确的,即便有少数的偏差碰撞也是难以回避的。如果想要从事物的观察面中提炼出更深层、更准确的判断,那我们唯有以事物的本质,去测定事物内在最本真的参见点,才会觉察到相对正向的判定结论。

擦出灵性火花

不与外界相碰撞,任天性和禀赋再超然,也难以激发施展灵性这东西;不与磨难相适应,任行走的脚步再铿锵,也难以咀嚼体味生活这滋味。

我们不可否认,任何一个人的成功,都源于这个人本身所具备或者培植出的某一种天赋。这种天赋在所择定的相称的事物、领域之中,能够找准一个与其自身能力可以匹配施展的窗口,让本身的天分得到超然的发挥和应用,所能聚集和爆发出的无限创造能量,便可促使事物的可生发性和牢固性,从而奠定了一个人获得成功的坚实基础。

在有效生成一种能量或者一种事物得以顺利施展和达到目标的过程中,这种质与量的转化,必须通过经历无数次环境、极限事物的碰撞和锤炼,从而从中获得有用的经验和教训。这不仅仅意味着要承受苦难或者失败,更重要的一点是能让我们在非常的环境和事物中,以痛斥痛,以苦斥苦,找到一个和我们自身相契合的点,与自我深度磨合,与环境相适应,去挖掘更多超越本能的含金量,开拓出更多超越极限的通道和出口。那么,一个人所被激发的更多的潜能和闪光点,再在恰当的事物和着力点上生成强有效的能量,使它最大限度地释放。

最直接的方式是我们先去择定一种与自身相应的事物,通过参与事物的途径,来获取自身潜藏的能源。其一是经事,以自我的亲身参与为引入点,探寻事物当中的构架和所形成的路径,摸索和观察它所涵盖的所有细节和变化;其二是磨事,将感兴趣的事物的特质与我们本身具备的特质相碰撞、相融合、相适应,生成共同享有的一种有效特征;其三是合事,以事物本身潜在的发展规律,结合我们自身在探寻中所形成的规律,发挥出双效作用。在事物的参照反射中储积我们自身的有效能量和余力。如此,反复探寻论证,久而久之,涉在其中,必得其果。

　　反则,无论我们自身如何天资聪颖,智商可以高到什么样的程度,如果不能找到一种可以开启我们智能、激发我们兴趣的事物去钻研,不能沿着感兴趣的方向去探寻它当中的奥秘,引发我们智慧的小宇宙燃烧出灵性的火花,去发明和创造出一些有效的价值,即便禀赋再超然,也难以培植出有用的能量。也就是说,任凭一个人的信念有多么刚毅,能量有多么富裕和充足,如果找不到一个能与他本身能量相衔接的端口,并与之恰好地相融合适应,那么很难施展和发挥他本身所潜藏的巨大能量,以至于其中所蕴藏的探寻深度事物的奥妙关联和实际意义,以及破译难题的收获和喜悦,都难以得到最大程度上的释放和产生最大的效应。那种刨物见状、觉明生益的有趣滋味,纵然也是难以企及,无从发现,更何况是达致一个人可以成功的级量和一种事物可以抵达的端点,这种真正去实现的过程,是何等的意味深长……

第二章

初心之美

大多数人去衡量一种事物，很容易站在主观的立场上，去衡量这种事物存在的价值和意义，并且大多数人都会向往事物美好的一端。所以，选择美好的初心，不会轻变。

无可厚非，如果只站在个人的立场和角度，大多数人都会倾向于最初接触某种事物时的那份美感，从而引发人与人或者事物之间、心灵深处，以及事物深层面的共鸣和同振。

也许，每个人在与人或者事物对接的过程中，自始至终都会向往那份初心之美，这是任何外物的干扰都很难动摇的。可以说这是为人者本身就潜带的一种本能性的偏执，它是一种最易在思想深处扎根的，也最不易被遗忘的初心体验。

当我们所倾向一端的人或者事物，直显地与我们的正面相对接，直观地出现在我们面前时，人们对于它的第一感应度是最为刻骨铭心的。它是人的第一感知在与人或事物对接时，两者之间所产生的反称共鸣，所以，对人对事的第一印象值在我们心中所占据的比重相对会多一点。

这就如同女孩子们逛商场配置行头一样，一开始能入眼的那一件，没准就是最后会选定的那一件。我们第一眼看上的东西，往往就是最能触及内心喜好的东西。在我们与它对接的那一刻，它已经在我们的印象中生了根，任我们兜兜转转几圈过来，对比无数，印象深处还是挂念着开始相中的那一件。即便会有其他的选择，还是会以最初的样式为参考点。或者，还是会觉得最初选定的是最好的。

人们对待所有人和事物的初心之美，恰与选衣服的道理大似相近，在你最初选定好的那个方向的某人某事物，它自始至终都会占据着我们心灵深处的那片空白。任人和事物的变化峰回路转，去留不定，他们在我们的思想印记里停留的痕迹始终存在，无法磨灭。

如果我们换位思考，能站在更广义的立场上去衡量初美的感受，那我们对于美的恒定，可能会涵盖了另外一个层面的含义。

但凡有普世价值观，有普象视野和思想行为的人，对待一种事物的择求和衡定，看待事物的角度和看法，都不会过于偏颇，而是会从宏观的角度出发，站在客观的立场上，去衡量某种事物是否享有重要意义，再去判定它的价值。

鉴于此，一些主观的人或许不该太多地偏向自我的角度，而是要更多地参考和顾及它所能企及的符合普世价值的定位和存在，把我们印象里对初美的认知和看法，投放到更广义的位置和角度上，看它对于普众价值、社会价值、实际可操作价值和所能产生的影响力度，以及和它所对应的反向面是否有一定的反馈需求，来定位它存在的价值。

深刻了解务须

当你真正了解想要什么时，抉择就会变得很简单，事物才会显得通透；当你无法辨别什么必不可少时，思路会变得难分边界，事物就会显得混乱；当你什么都含糊不清，什么都不想舍掉时，对于事物的存在便会患得患失。

当我们面对多边事物的端源，难以定夺，无法做出明确的判断时，首先，要找准一个准确的意向和方位，弄清楚我们所处的立场是什么，想明白我们真正的需求是什么，可以分化的是什么，不可以疏漏的是什么，必须要保留的又是什么。如此，我们的思维线条会捋得很清晰，无论面对多么复杂的抉择，我们自己的意向和决定都会简洁和明朗。你对待事物的理解和看法及思考层面的辨析思维也会更加通透、鲜明。

在任何一次重要的抉择面前，当我们无法明确自己的目标和方向，无法确定自己真正需要什么，什么对于自己的志向、发展走向是必不可少的，自然也就无法做出一个相对正确的决定。因为，在这种情况下，我们的思维多半存在着多元化的变相因素，整个思维线条也会向多边扩充，难以划分出明确的边界，对于事物的渗透也只是在轮廓的边缘处徘徊不定,得出的结论也会相对不清晰,不能给出明确的辨定。

当事物能吸引我们并给予相应的能量时,我们对于它的需求,是真正要择求的务须,还是含糊不清的?是什么都想了解,又不能真正了解?什么都想参与,又无法真正参与?还是什么都想要,什么都无法舍掉?那么,事物对于我们的作用和意义,所获得的各种事物所回放的信号,自然就会患得患失,无法真正检测到任何事物的内核。

或许,此刻让我们去辨别或者选择一些多层面、多维度的必要事物,可能会造成思维的微度干扰、混乱,但是,让我们先去排除一些不必要的事物,就会使思路和方向变得简单而澄明。这时,那个在我们大脑深处所产生的第一选择意识,且持续维持稳定的意向,便是我们对于任何事物的务须定向。

唯有我们真正了解和探查到自身真正的务须是什么,那么对待事物的选择范围就会有鲜明的方向分化;唯有真正参与到务须事物的构架中,才有可能探寻到我们真正的内在实际需求。

一旦我们对于所探查的事物有了探寻的方向,我们参与事物的考量路线必会清晰明了。那么,一直沿着这个思维的线条,逐步地去细化,去浓缩,去精简,直到使它的定位确认为最后该有的保留部分。这时,所获得的结论便会是我们的真实需求。

而对于那些依旧拎不清的,依旧无法准确定位的人,思维在哪里卡顿,就需在哪里思考解决,无论遇到多么复杂的选择方向,只要深刻了解了内心所求,决定便会变得简单,生活也会变得通彻。

不同阶段的价值取向

人在每一个不同的年龄段，都会有不同年龄段的价值取向，不管是外在的，还是内在的。

每一个人在不同的成长阶段里，总会有不同程度的收获。无论所处当下的我们，是活在哪一个阶级或者哪一层高度中，我们总会看到每一个阶级或者每一个层次里种种不一样的风景。在不同阶段的高度中，我们对待人、事物的认识，就会有不同级别的测定和感知，这种思想和行为参差不齐的错位，必然是所处各个不同阶级差异和本身内存差异所产生的区别。

在我们所处的年龄段里，做我们该做的事情，发挥我们应有的能量，或许，才可以在某一刻、某一事或者某一物中，触发我们拥抱朝阳、热爱生活的冲动和激情，我们便可竭力去享受生命赋予每一个人生机盎然的权利和机能。我们只有在现有的阶段里，做匹配于现有能力和条件的事情，才更能接近取得合乎我们心意所需的收获。

如果在彼时的另一个阶段里，我们对于事物的择定维度，超越了我们所处阶段里的负荷限量，或许，我们的所担所载所行所向，可以让我们在另一个维度中，获取本身阶段里所不能企及的思维跨度和对待事物的认知及承载能力。那么，我们超越现处阶段的空间格度，预先进入到的那个空间和维度，所负担的思想重量和事物所具备的重量,必然会自然而然地牵动着我们负重前行,同时,也将节制和减弱我们本身潜在的对于一些事物的偏好和热情。

我们说,一个小孩子就不要让他懂太多,知道得太早,在一个轻松的空间里、一个适合的年龄段,就该做他所处现状里该做的事情就好。该吃就吃,该玩就玩,该学习就学习,允许他自然地长大,自然地成熟,或许,这才是再好不过的童年教育。小孩子的萌发期对于萌动事物感知得太早,懂得太多,好奇的东西也就会越多。如此,便会使专注力分散,难以集中,就很难执着于一件喜好的事情,把重心专注投放于一个地方。触及的东西越多,就越难择定一个真正的喜好,更无法将一种事物做精做专。一些叠加事物的载重量使他所要承受和负担的东西会更多,即便将来长大成人,他所面对的问题和负重的事物也必然会增多。

人生的每一个成长期和过渡期,都有它不同等量的价值取向。也就是说,在我们本身所处阶段和所对应的区域内,与我们所匹对的价值等量的关联,在正常的逻辑中应该是成正比的。我们所处的每一个成长阶段,都会暗藏或者重叠了与它相对应的价值取向。这种价值取向一方面源于我们内在所蕴含的不同时期的自然储备,一方面源于我们外在创造的沉淀和积累,二者各有优长。

探寻合乎心意的有效定向

无论我们谁有什么样的想法和意愿,想去完成一件什么样的事情,在选择去做的那一刻,必然是最合乎我们本身心意的。凡是最合乎我们本身心意的事情,不管它的可兑现值最终可以伸展到哪一个阶段里,在这个持续延伸的过程中,它所馈于我们的实效反应,无论是会产生我们本身所期许的正面结论,还是产生出乎我们本身意愿之外的负面结论,至少在行为的那一瞬,认定它该是最正确的。

我们在毅然决然地选择去做一件事情的时候,最起码从行动的那一刻起,是最符合我们本身想法和意愿的,或者是最适合我们所期许的事物的延伸和发展方向的。人对于某种事物在某一个阶段中所产生的感应冲动,它是在某一瞬两者相互间最直接的一种对馈感应。人会通过某种事物的反馈信号,加深对事物的识别意识,它对我们本身的作用是可能偶尔会转化为某种速成的兴趣刺激,从而在短期内被接纳为是一种合乎意愿的速效感应。而它的形成和出现,多数时候是超出我们本身计划的某种想法和意愿。

又或者,它本来就是我们自身所存在的另一种长期的既定目标,而且该事物的伸展路线和区域,一直就是我们本身所认定和期许的方向,以及它实行和延续中的每一步进展到完成和实现,都是处于我们长久的预想和计划中的内容。至少,我们会认为这件事物的条件是最符合我们想法和最适合于自身所有条件的最好选择。它与我们所建立的直接关联是一种有预想、有规划、有期望值、有目的的长期追求和期待实现的意愿，并不属于短时期内的速成思想和行为意向。

我们选择做一件最合乎心意的事情，本身就是我们所期许或者所追求事物获得圆满的最高愿望值，它是最贴近于我们自身需求的一种潜意识里的追寻信号，它所释放和导向的是与我们本身想法和行为达成一致的最直接的一种定向。所以，也是最能挖掘出我们自身兴趣，并能有效发挥的一种引索。而且，我们对于追求和探寻这类事物的兴趣执着度和延伸，可以施展和加效到最大限度。

做一件本身最合乎我们心意的事情，并从选择做这件事情的思想意念意识，逐步转化为行为动向意识，按条例、分步骤地有效进行和实施，并产生结论意识。在一个正确的方向和思维、行动驱使下，有效完成那个本身所期许的目标，这应该是一件极为正确的事情。

无论它是一种速成的突发现象的拓展和延续，还是一项定列在我们原有实行计划中的已有目标，只要这种事物对于我们的引导和刺激，能使我们发挥出最积极有效的能量，且会把它加持到最有用和正确的地方，而这又是我们本身最想作为的位置方向，那便是最值得我们追逐和探寻的一个合乎本身心意的有效定向。

走对的方向

人生的任何阶段，无论走到哪一步，都需要对以后的路负责。每行一步都是一点念想，唯有一点不可逾，就是一定要确保所行之事的延伸和发展都平衡在一个对的方向上。

不管我们做何事或者从事何种行业，都有必要顺着对的方向发展、延伸下去，都需要有步骤地预计和规划好在每一个阶段中的每一项进程的安排，再按部就班，一步一个脚印地把根扎下去，踏踏实实地走好每一步。

因为，我们既然选择和决定了某事的开始，就有必要认真地对待它的每一步发展和延续，就有必要对它的变化、后续的延伸方向负责下去。无论是有利于我们，还是有弊于我们，都应该去承担和平衡事物之间的利弊关系，直到可以将它所行路线引向相对稳定的轨道中，行进到正确的立场和方位上。

任何一种事物从起点到达终点的过程，都必然会是得失、利弊相叠加进而产生变化的过程。事物中的好与坏，正与负的相对称面，是一种必不可缺的叠加或重复的对称形式的存在。每进阶一步，它的相对比值就会上升一步，每行过一步的印记都是使事物稳定扎根的有益基础。一些好的教训往往都是在不好的事物中汲取，一些成功的结论也往往都是在每一次失败的验证中获得。

但是，始终有一点需要我们平衡掌控的是，所及事物延伸的主方向。这一点不可偏离了事物的起始本源，也不可偏移了我们出发时的定位和目标。

事物形成和发展的过程，无论是平续的进展，还是曲折的扭转和过渡，在我们的思想深处都应有一把衡量曲直和对错的标尺，可以把持好事物延伸的主要方向，是顺着一条正确的道路延续的。在对待一些复杂的事物时，我们可能在当时会受条件所限制，略微缺乏一些全方位识别事物的极高的灵敏度，反应略显迟疑，但经过一定的了解和适应后，那些不易被我们察觉到的事物延伸线条，还是会浮现于我们的面前，与我们本身对的思想和行为形成一种正向对接。

虽然事物的本身不存在直接的对与错，但由于我们各自所处的位置不同，所站的立场不同，所以，对待事物的理解角度和判断就会存在着各自的差异。而直接可以导向事物结论偏于哪一方的，其着重点在于需要参考事物在延伸的过程中，它的主导力导向了哪一个方向。

如果事物发展所偏向的方向和立场，已脱离了事物本身的意义和性质，那么得出的结论自然不是我们所期许和倾向的。唯有事物的发展方向恰好处于事物本身起始的发展意向上，它的导向点和发展进程始终都保持在基本一致的方向上，那最后的结论即便达不到预计的效果，也不会偏离甚远。

第三章

■■■启迪人类智慧的金钥匙

兴趣,是支撑一个人前行的最有效动力,它能让生命焕发起充沛的活力,增强生命体能源的扩充。一个人一旦丢掉自身的爱好和兴趣,那他的生命便会显得枯燥乏味,人生便会了无生趣。

我们每个人的兴趣和爱好,除了个人本身所具备一定的先天基础之外,最主要的一部分是源自于后天所在环境的催生和影响,逐步孵化和培育而成。前面一种可能是与生俱来的一项喜好,根本不需要去选择,它就是天生依附自身的一个自然条件;后面一种则是我们可能对所接触到的一些东西,在某一个时段产生了深刻的印象,心中有所触动并对此产生了超乎本意的好奇心,然后有选择地逐步转变为后天的志趣和爱好。

一个人的兴趣爱好,可以说就是一个人的努力方向,更是一个人砥砺前行的思想动力,它能牵引着我们的行动和思维,能无限度地扩增人的生命体能量源,使人的潜能得到有效的释放和发挥,最终促使我们志趣所向的奋斗目标一步步地达成。

如果一个人对待任何事物的反应都是那么平淡、无奇,既没有一个抽象直观的倾向和态度,也没有一个能激活大脑潜能的喜好志趣,那他的生命源就不可能真正地感受到被激活的活力,也不能释放出强大的能量。就如同于枯井一般一天天、一年年地干涸、枯竭,整个生命体能量源也会缺乏生机和活力,生活和存在的意义便会显得枯燥和乏味。在一条无梦追寻的路上,这样的人生自是如死灰般沉寂,了无趣味,更何谈生命价值?

人的某一种兴趣有时会是自身携带的一项自然禀赋,会随着后天的培养倾向逐步构架成一个完整独立的目标。然后,这股兴趣的力量日渐繁衍和膨胀,就会牵动和吸引着我们努力迈往那个方向,化梦想为行动,有朝一日可以转向现实。如果一个人能在追逐所好的路途中,达成他的抱负和目标,那同时也能逐步组建和完善他的全面自我。

有时,一种兴趣会随着我们自身成长和环境的变化、影响而逐步形成。随着我们对于所接触的事物的某一方面产生触动,而后对这个方向的事物生发好奇心和倾注欲。因为一个人所面对的人际际遇和环境际遇可以影响和推动他构架出一个全新的兴趣目标,在某一个领域或者某一个航向里,找到并定位出一个自己喜好和相对适合的点,把它培植和打磨成一个完整的奋斗目标。同时,我们被某种事物所触发的那份强烈的好奇,也正是能把我们引向某一个领域里的一条牵引线——把一份好奇导引到一种志趣和努力的方向上。

这种培植兴趣的过程，恰恰也是将自我重新修整成形的过程，而兴趣就是撬动和启迪人类智慧的一把金钥匙。

人脑是测盘

人脑是测盘，每一种思维线条所占的区域都会有它各自的划分，就如同大脑神经细胞所发出的每一个信号都会有一个相对应的连接支配点。所以，多数情况下，人的思维在哪一层面上，所看到和理解的事物就会在哪一层面上。

人的大脑就相当于一部变向灵动的测量仪，能把每一种层面上的事物都细化出各自的段位，将所接收到的各种不同的讯号，都区分于脑海当中的各个端点，分域识别储存。有重大事物和轻微事物的辨别区域，理性事物和感性事物的辨识区域，美丽与丑陋相对的辨析区域，正义与邪恶相对的辨证区域，道德与低俗相对的评定区域等。它的结构划分是由数不清的大脑细胞储存区域和辨识区域，由每一组不同两端的对称区域，分别细化组合而成。

它们不同占位的相互间隔，也许只有两点之间的偏颇，对与错，正与反，仅存在于一息一念之间。人脑在最初所接收和投放的每一种讯号，都是最直效的传达，比如审美与审丑，比如辨别不同的物种，比如分辨是非。

如果我们的大脑支配区域正分化在一个比较高级的区域或

阶段，那么，我们对事物进行辨识和理解的认知，相对也会处于一个比较高级的思维范畴之内，而且对于所接收事物的敏感度和正向的辨识指数也会相应走高。相反，如果我们的大脑支配区域正分化在一个比较初级的区域或阶段，那么相对地，我们对事物的分析和理解的能力与范畴，会比较自我、局部化，结论也会相对单调一些，不够鲜明，对于所介入事物的参照方向也会摇摆不定，上下左右浮动的空间很大。又或者，如果我们的大脑支配区域正分化在一个相对中性化的区域或阶段，那么，我们所辨识和认知事物的能力与范畴，恰恰正处于一个相对比较稳和的阶段。这时，对于事物的思考和认识，既不会太走偏，也难有超越本身阶段的真知灼见。在这个保和的状态里，暂时很难再有新的突破，除非再出现别的思维线条，可以穿越这个思维布局的限定，便可能会有更进一步的提升空间。

　　当然，每个人思维的形成和构建，也是可以随着人生的阅历和知识量的不断生长和膨胀，以及长年日常生活中的琐碎积累而有相应改变。我们大脑细胞的各种支配区域，会随着我们的思维层面在不同阶段里的进步和提升而自动转化和完善。大脑各个区域的分支点分化到或者进化到哪一层面上，我们对待和理解事物的定位和方向就会相对应地细化到哪一个层面上。

何为有效生命质量

什么是有质量的生命呢？

最近总是反复思考这个问题。或许，是因为近几年身边的亲人、朋友和自己的一些亲身经历及周围环境的变化，让我对每一种生命的存在又有了全新的审视和定义。

如果我们把生命比作是某一种能源体，而它只会在所限定的时间内释放出不同程度的能量，发挥着大小不同的作用，这种能源一旦达到所限定的期限，它便会从有形的存在，化作无形的虚无。

我们的生命，由生到死，正如那句"来得突然，走得匆忙"。这段旅程无论多么精彩纷呈，它都是有期限的。

所以，在有限的一生中，在对待一些事情的看法上，我们与其为了一些小事去争辩，还不如多规划一下以后该走的路，多去做一些有价值、有意义的事情，多去创造和营造一些有能量、有质量的环境，多做些积极的、快乐的，且利他利社会的事情，多储备些我们自身的生命能量，活出生命的质量。

其实，我们要做到利己，本已需付出多半艰辛。若想要做到利他、利社会更为不易，尤其任重道远。途中所遇的每一道荆棘都需要去跨越，所面临的每一次挑战都需要去应对。

那么，生命的质量究竟从何而来，又在哪里体现呢？显然，它是由生命能源中所储存的有效能量积累而来的。

我们去做一件善事，人的体内就会散发出正面的能量，而整个生命能源体也会发光发亮,然后,带动你本身和周围的活性磁场相互作用。这时,人的精神是饱满的,情性是跳跃的,心情是欢愉的,所聚集的活性成分就是有效能量。

我们读一本书,好的内容可激发出体内潜藏的积极能量,使思维活跃起来,促使人的生命能源体吸收外在的力量,来保持生命的活力。

我们痴迷于某种事业,从不知所以地去探索,到发现某些诀窍和奥秘,我们本身所能体会到的剖析和破解之中的神秘和喜悦,它会升华到一种"守得云开见月明"的豁达。此时,两者的关系所衍生的是另一种相互通灵和共同作用的有效能量。

前者是施,后者是取,再者是相互作用,最后却都是获得,都能充实自身的生命能源细胞。那么,我们所累积的每一种有效能量,在无形中就成就了有效的生命质量。

好物叠加值

一个人或者一件事,一旦被众人认定为好人或者好事,那人们便会把对好人或者好事所有的好,都叠加到这个人或者这件事的身上。这便是人们对于人性的善根善念、事物之初的善起,所感知和崇尚的一种好物值叠加的良性循环。

我们去想象或者真实地去接触好的人或事物,便会把所有好的想法和判断植入到这个人或者事物当中,把一切好的经过、好的因果循环悉数叠加,得出一个好的结论。当然,这种好的印象并非想象和捏造，也并非凭空而来。这是需要两者之间共同参与或者经历一些事后，从各个方面综合测定而得出的结果。

在好的人或者事物当中，即便在某一个阶段里有被一些其他因素冲击过的痕迹，在通过一定时间的过渡和修复后，它还是会复原到本质的面貌和最初的实际状况，但前提是这些人或者事物的初起，从根本上没有发生过质的转化。如这般不是本性使然造成的受损面积，所修复后的人或者事物，它们再次复原的分量甚至会显得越加厚重，比值也会增加。

相对而言，人们通常对一些好人或者一些美好事物的记忆会更加久远，对于负面的人或者事物的记忆虽会刻骨铭心，但是终将会在时间的洪流中渐渐淡去，在无声的岁月中自动消解。我们会特别铭记好人或者好事为我们带来的积极的影响和有益的价值，也会憎恶负面的人或者事物给我们带来的冲击和损耗。然而，那些好的人和事物的存现期，始终会大于那些负面的人和事物留在我们记忆当中的存现期，或者说，负面的人或者事物的负面影响和记忆，最后都会消融在好的思想和观念里。

我们不妨多去接触一些好的人、一些好的事物、一些好的思想、一些好的知识和一些好的行为，因为这些参照人和参照物的利好面，会自然而然地把我们引入一种好的氛围。一些好的思路和轨迹，会从内向外地去塑造好的人或者事物。在日常生活中，我们为什么很容易被一些好的人或者事物所带动和感染呢？这正是因为那些好的人和事物本身潜带那种由内向外扩散的正面的能量和光源，它会影响到人物、事物及周围环境的变化，刺激和催生着一些负面能源向正面转化。

因此,一些好的人和事物的存在和衍生,不单单是本身所在范围之内的闪亮点,还是向着他人和外物无限延伸和扩散的光源。它所汇集的能量和动源会翻倍叠加一切向好的比值。由一种小的、单一的能源体,衍生出另外的、复合的能源体,甚至无数个能源体的储积和叠加。它的受用面、扩散面也会无限度增量和再度繁衍。

人的内心深处都有几分恋母情结

每个人的内心深处都深藏着一位近似于母亲,又不是母亲,却超越了母亲本身的伟大形象。这个伟大形象的存在可能是你潜意识里所勾勒出的一位全能全知、无所不通的哲理女神的幻影,也可能是你现实中所遇见、所追捧和崇尚的,让人产生敬畏心和折服感的伟大的心智开发者、创造者、研究者和引领者,甚至可能是神灵的形象。这个伟大形象可以以母性的慈悲和宽广,去包容和接纳所触事物,从而牵引和规范着我们本身的思维和行为。

也由此,我们会不由自主地或者下意识地把此类神一般的人物,塑造为自身的榜样或者偶像来膜拜。此种神定的魔力和对于人们的吸引力,以及对它的理解,足以超越了常规范围内任何一种高能人物的限域。或者更合理地说,这种神的形象在我们心目中的占据和影响,是一种与生俱来的存在。

举一个比较常见的事例,或许,很多人也都有过类似的记忆和感受吧。在很小的时候,大多数人的大脑思维空间中,都会深深地烙上一个妈妈的印记,会认为母亲是这个世界上最美丽的人。她对于我们的印象和影响是植根于生命和灵魂的深刻印记,而且还会产生某种奇怪的思想依赖和行为依附,会认为成人后的自己,也应该会成为那时候记忆中妈妈的样子。

但事实上呢,在从小到大逐步成长的过程中,我们经历了年幼时期的天真、青春时期的懵懂、叛逆时期的狂野、成熟时期的沉稳,在每一个阶段的成长和过渡中,在每一次思想层次转化和行为演变中,在被某种事物和环境所打磨和催化的进程中,曾经的我们往往会转化为另外一个自己。我们形成独立的人格,有着对事物的辨析思维及判断能力,并以此支配自己的行为。这些人格和心智在无形中悄然改变和转化,已潜移默化地形成了我们的另一种处事方式或者形成了一种独有的风格。

这时候,我们再想去发现那个真我,才明白那是多么的遥不可及。于是,那种小时候想要成为妈妈样子的印记,又是多么的难能可贵。

换另一种角度去思考,其实,人们思想层面的过渡和进化,多是以某种神定的人物形象为原始版本来进行的,这是一种主方向的指引,确定了自我延伸的趋向。我们的思想和行为往往也会以这个人物形象的最优化为标准,去探索、完善和提升自我。这种思想和精神层面的影响,往往大于某种行为示范,会储积更多正极的生命能源,触发更多有效的光源转化,使思想进化和行为所向融为一体,形成统一。

第四章

▰▰▰边缘恰到逢生处

以前，曾把边缘理解为极端的两化，一种是达至极点的完好，一种是衰至极点的完败，却不曾悟到中端部分反弹的力量，竟也会是如此强大。

任何事物的发展都存在着双向可能性。一种是正向思维的线条延伸，多数会产生好的结果；一种是反向思维的线条延伸，多数会产生坏的结果。但人们常常会忽略，事物除了伸向边缘的两端化，尤为重要的还有立于事物中端的柔韧度。任何事物所能产生的任何结论，它往往反弹于事物形成的过程之中，这也是最容易导致事物的发展，最可能会朝着哪个方向延伸的重点所在。

我们尝试把边缘化的问题理解为事物的两个极端，一端是向好的极点，一端是向坏的极点，把人的观察点置于事物除两端外中间的部位。那么，无论事物的进展度偏向于哪一个方向，重量偏重于哪一端,其结论所倾向的位置,都是由事物形成时本身所潜带惯性的比重决定的。

任何事物的形成,都有一个结构化的关联。换言之,就是说在事物形成构架时,它总体的逻辑思维的串联,是有规律可遵循的。但凡事物的结构是完整的,其内部必然有一定的关联。

我们假设把一根弹簧折出一定的弧度,中间弧度弯的幅度越大,它反弹的力量就会越猛,而最后落定的那一端的定位点,是由你在两端着力时的轻重程度所产生的惯性决定的。如果,我们将同样的测定理论融入事物之中,也会是同样的道理。

说到极端,这似乎是一个很偏执又很有深度的问题,当一个人的智慧欠缺饱满状态的时候,不如借助外界的智慧来帮助打开思维的窗口,这会使人们很容易获得开悟的窍门。当我们把一个具备想象空间很大,但定义又很局限的物品,置放到一个公共的场景之中,或许我们会从中取得意想不到的收获。

我曾尝试把一个空盒子置放于众人的视线中,从中得到了不同的认知结果。有人把它看作是一个精致的礼品盒,也有人把它想象成是骨粉盒,而只有个别人把它看作是一个放书的盒子,这一点都不奇怪。因为,对于任何已有的事物或者现生的事物,人们已经擅长也习惯于把常规化的事物解化为事物的两端,首先,潜意识里就会自然而然地把它假想、分化为好的一面或坏的一面,从而忽略了其他的成分。但是,往往一些事物的结论还会延伸出另外的结果和可能性。由小及大,都会如此。

所以,当我们的思维跨度能够平衡和掌控向好和向坏两个极点方位时,我们也会由此而打开另一个丰富自我和建设思维的跨域端点。

■人性的韧带可无限延伸

有时候,一个人的内力伸缩性很大,只有经历过挫折和磨难的锤炼和洗涤,人本身潜藏的那股强大的内存力量才会被激发和释放出来,使人性的韧带本能地拉长拉宽,挖掘出内在的潜力来壮大自己。如此,我们的生命才会闪闪发光,从而发现另一个不一样的自己。

一个人储存的韧性是无法估量的,唯有在特殊的环境和事物之中,受到过一些外在事物的摧残和刺激,才有可能被磨炼出来并不断增强。我们遭遇磨难后的洗礼、挫折后的蜕变,恰恰是引发这股强大力量爆发的根源。

可以说,人性的韧带舒展是没有限域的,它反而会在一些难以面对和承受的情况下,在一些非常状态的驱使下被激发并随着这条引发的路径无限延伸。然后,以我们内在的力量击退和征服外在事物的所迫,在一些事物和环境的淬炼中,积累和壮实我们自身的能量,扩增生命能源,焕生新的有效动能,来强大自我的功力,使我们的实力和内力稳步提升。

在一些反常态的事物中,人的生命状态往往会存在两个极点:一是生命的光源在逆向的境遇中被全部耗尽,命能陷入暗淡和灰烬之中,被囚困在思想的牢笼里,无法挣脱而自我懈怠;二是生命的光源在苦难的磨合中被擦亮,获得重新反弹的力量,再一次膨胀和爆发出反常规的超能量,再一次使生命的能源体焕发光彩。

此时,后者所膨胀的能量会成倍翻涨,力度也会成倍翻升,这股被重新引爆的潜藏力量,在某些事物及某个领域里所能创造出的价值,也较原状成倍生长。在这些特有的事物和环境里,和它潜在磨难特性的淬炼中,需要尽可能地保存好原有的能量不被过分地消耗,需要学会在原有能量尚存时,在自我的囚困中挣脱出来,并借助磨难的刺激再翻倍生出新的能量。这样,反而会激发出另一个和原状不一样的自己。

或许,我们永远无从测定这种韧度的翻涨空间有多么广,但是,可以确定的是一个人的韧性一旦被牵引,它所能翻转的力度,足以使他去重新创造某种全新的事物和进行价值再造,以及彻头彻尾地去改变一种固有遭遇的限定,实现改观自我的价值重塑。

在这个由思想向行为过渡和引爆的转化中,最应该被我们所重视的,不是它到底可以爆发多大的威力,而是我们应该如何把握这股力量可以用到一个正确的轨道和方向上。我们假设一种反向的事例,如果把这股翻滚重生的引爆力,运用到一个偏颇或相反的方向和事物中,那它所能爆发出的破坏力,同样也是无法估量的。这两种延伸方向的反差,一种极具破坏,一种极具创造。所以,我们应该使它均衡地爆发和施展,应该选择好方向和把握好这个度,这点尤为重要。

失之东隅，收之桑榆

每一份失去，都是与我们自身的不相匹配；每一份获得，都是与我们自身的相合匹配。这大概也是我们处事和生活中再正常不过的一个人生命题。

在这个世界上，有很多事物的存在是我们可以把握的，也有很多事物的存在是我们无法把握的。事物与事物之间有事物机缘相契合的存合点，人与人之间有人缘情分相契合的存合点。人和事物的相融之处在于，相互间契合的存合点恰好置于相合匹配的位置上，两者之间所能相容的密合度好，才更容易相互支撑和接受。

这些对人对事的契合之处，如果在时间、位置和周围的条件上一切都能相吻合，它们之间的关联点就会顺其自然地相合。或者说，这类情况的事物可以归结为是和我们自身相合匹配的事物，也就是容易被我们抓住和掌控的事物。

反则，如果事物与事物的连接点不处于和事物本身契合的位置上，那它们之间的关联点便会相互交错。它们之间所产生的反斥作用和所存在的差距，便会把相互间的相应点转变为相斥点，自然也无法融合到两者相顺应的相合点上。

人与人之间的情分也是如此，如果彼此的契合点不处于相对应融合的位置上，两者之间便很难搭建起恰好的连接点。各自本身所潜在的磁场点会自动疏远和拉开相互间的距离，使两者之间的关联点和融合点难以相投相合、和谐交融。双方一旦感应到和接收到他们之间相斥点的碰撞,甚至很可能形成相反方向的对立。

相同的,人与事物的契合点和密合度如果没有共同的相撑点,找不到准确的对应值,彼此也就难以融合到相通的位置上,如果人与事物的对接点,恰好处在相互对吸的连接点上,相互间所投放的信号便会更容易接纳两者之间的共融,相互间所产生的对应值也就容易提升到同一频率上,并直接达成人与事物之间的相互匹对和相互建设。

所以,任何相关联的两者之间,如果出现的时间不对,所处的位置不对,周围的一切条件都难以相吻合、相连接,结果也自然会处于不相对应的点上。如此,这些事物的存在与对立,都可以归结为与我们自身不相匹配的事物,也就是不易被我们抓住和掌控的事物。

总之,事物与事物间的契合度,人与人之间的融合点,人与事物间的对应值,无论它们之间如何瞬息万变,不管是失去的还是存留的,上一个连接点上的断勾,有可能就会是下一个契合点上的融合,唯有在相互间保持同一对应值和共通点上的相容度,才更容易接近于各自本身及事物存在的立场,实现同步融合的可能。

自知从容

做事为人,无须太过拧巴,自知从容便好。

或许,每个人都有着一套属于自己风格的行为方式和准则,无论是在言行方面,还是为人处事方面都会有着属于自己的逻辑思维应用和判辨事实标准的方式及格度各异的做派。

其实,我们介入任何大小事物或者接触任何人时,可能会面对一些人或者一些事物所产生的冲突,这时尤其要控制把握好一个度的维系,无须太过偏颇或者太过用力地相持,否则会导致人与人和事物与事物冲突面的僵化。如果我们对待事物的相持度,破坏了事物本身平衡的量,就有可能导致事物的延伸向着相反的方向转化,太过使劲或者太过拧巴的过度相持,只会加剧事物间的反向演化。

在面对任何人的时候,只要顺应其自然形成的框架行为,就会形成其本身内在的一种专属模式,自然也会在这个框架的模式中,形成一种有规律的结论或者相对应的结果。如果我们在顺应这个模式的同时,再融入一些自己的想法和行为方式,与其本身形成和发展的规律妥善地相结合,就会自然而然地形成属于我们自己的一种行事风格。

同理,我们看待任何事物所展现出的一些特质,也要学会识辨它的完整定义和规律。

仔细观察一个人的行事风格,顺应一种事物的形成和发展规律,就是要不断地调整去适应其发展逻辑,无须过度地牵制各自的短长,我们只需自知从容地面对就好。

这就相当于,我们同时把处于不同发展阶段的人或者事物,反常规地置放于同一起点和水平位置上,然后,对其中的任意选择对象进行不同侧面的推动,允许它向各个不同方向延伸,这并不意味着其余的人和事物就会固定地停留在原有的水平位置上,而是与此同时,人和事物间会自然而然地生成一种隐向延伸。

明确地说,如果我们同时推动和发展几种事物,但每一种事物的存在都早已形成了它已定的规律和风格,进展有深有浅,幅度有急有缓,水准有高有低,同时施加措施推动或者择定其中的任意一个目标和方向,会使它们的转向点沿着事物本身具备的已有条件和已存在的特质、规律及进度而有效提升。

任何事物形成的规律都有一种特定的引向,它的延伸都会在这个引向所导向的框架中,形成事物独有的风格,从而被外在的人和事物所接纳和认可。即便不受外物的推动和影响,它本身框架中所发酵的引力也会相互作用。在事物各自不同的发展规律中引向延伸。事物间同比的进度并不会排斥各自的延伸,只是在各自的规律框架中有效延续。对于我们个人的发展空间而言,它所串联于一条线路上的生长引力,也是如此。

所以,遵循事物发展的自然规律,顺其序,自然而成,自是从容。

思维域度

域度

人何必过分地纠结于脱离了生命轨迹的事物,在许多时候,事对人的契合点是死的,而人对事的契合点却可以是活的。人和事物的本身若脱离了血性的温度、人性的域度、骨性的烈度,就会极度缺乏生命力,也显示了事物的僵化面和难以疏通的隐障,需理智地调和与释放负面元素,来获取事物完整的平衡。

事物本身都有相对应的限度和容叠之处,一些事物一旦脱离了本身存在的位置,过度地消耗它的生命活力,以及改变它原有的航行轨迹,它是很难再次调试和融合到事物最初的原点上的。就好比原本顺行的一条列车轨道,突然要将另一条相反方向的轨链与它交叉串道,若还想要顺利前行,这中间得需要加多少道变通的工序……

事物相对应人的相互融合点,本身就是某些固有框架的组合,它本身就是一种固有状态的存在,也必然存在着各种形式的条框制约。比如:我们共同履行某一份合约,它所限定的内容都有与其相对应的所能设定的条条框框,这些条件的需求和实现是需要人们以对应的条件约束来执行和遵守的。这就像是在套用一个固有的公式一样,它的整体格式和框架是原封不变的。

与前面恰好相反的,人对应事物的相互融合点却是活的,许多事物的条条框框在介入人的参与时,就是已被规定好了的,但是实际操作可以受人的掌握和调度。

任何与我们契合度失衡，又缺乏人性化变通的事物，都很容易扭转和形成事物的僵化和死结，它所存在和折射出的僵化面，也必然会随着事物的逆转而加剧扭曲。这种局势的负面转化，不但会违背人与事物所起的初衷，而且也难以得出一个期望的相互有效的有用结果。

但是，如果我们能及时地以人性化的宽广域度和温度，来破解和调剂那些僵死的残局和所受限度的制约，以我们的智慧来调整和分化事物当中沉积的僵直局面，化解打开所生成矛盾的根结，以我们的豁达来释放和排解那些事物的负面能量，再重新嫁接一个可以相互融合的点，事物则有可能再次焕发新的生机，搭建起新的起点。唯有找到那个可以彼此相融的同一契合度，确定人与事物的航线起点和落点是向着同一方向的，这样才有可能获取这两者间的稳定和平衡。

第五章

▰▰▰问人谋事先责己

如果一件事情达不到至善至美,偏离了我们自身预期的效果,不如先在自己身上找原因。一般外在的因素都不是可以参与到事物当中的直接导向点,而我们自身的选择和行为,则可以直接导致现有结果的产生。

我们把全身心的精力投放到事物当中,但最终无法达到我们预期想要达到的效果,也许,一些外在的客观因素只会起到辅助导向的作用,而在参与事物时,可以促成我们行为或者立场方位的主观因素,还需要从我们自身中去找出。

在多数情况下,如果遇到一些立场与我们相左或者冲突,背离了我们起始的本意和初衷时,我们会出于某种自我保护意图,习惯性地为自己建立自我保护的有效措施,出现一种他为责任大于自我责任的错误意识和观念,甚至急于发出一些维护自我权益的声音讯号:"我错了,都是因为你,或者我没错,都是别人的错!"这种把自我的责任机制扭转为他人的责任机制,而忽略了寻找自身所隐藏的原因的行为,需要及时发现、及时修正或提升。

在事物的形成中,任何一种可能或者可以促成事物结论的外在因素,都是某种间接的衔接因素,并不属于导向事物方向的直接因素。或者说,它可归结为间接参与事物的不定项导向点,而我们自身的决定、走向、行为和认知判断,才是可能或者可以直接产生事物结论的主因。

所以,在某一些事物当中或将产生的不良效能和异向结论,无法达到我们所预期的某种有效结果,我们最不该产生急于抱怨、急于推卸的错误思想和行为意向。我们需要在主观意识和主观方向上,寻找自身的漏洞和疏忽,认识到我们是在哪一个主要的关节点上,直接影响或者导致了一些事物结论的产生,没能达到我们初始所预想的至善至美的效果。

我们唯有在行事中,将易形成错误观念和事实行为的思维意识及判断,及时地发现,及时地斧正和消除,再及时地修正并逐步建立全方位的、正确的行为意识观念,才会在参与任何事物的行为能力、举止修为和根本思想上,得到有效的提升。

因此,我们在参悟某种失败时,寻找它所能导致的最直接的一种结果,我们必须要有擅于发现和认识到因自身导致失败的那一部分的能力,并且学会接受、面对和修正。至于那些所牵涉的外在因素,并不完全是可以导向我们思想行为定向和主要结论的主导力。

错的状态在本身

如果一个人在某个阶段里的状态不对了,并不完全是所处环境里的状态不对,而是自身的状态先不对了。

在生命塑造的长河中,每一个人都可能会面临几段人生的低潮期,它可能会在某一个不定期的时段里,无预报、无征兆地出现。它也许是事业失利,也许是家庭失和,也许是健康失衡,以某一种不定项的方式擅自闯入我们原本平静的生活。而如何去跨越这些不堪的阶段和如何去平衡这些负面的重量级的循环关联因素,正是决定一个人是否有足够的承担能力和抗压能力的关键,也是自我审察的重要阶段。

如果一个人的意志力极易被一些负面的事物和非常的环境所动摇和抑制的话,那么,这个人所具备的良好状态,包括他的精神状态和思想状态,和自我心理就很容易失衡,以致严重到错乱。一旦我们无法把控好自身状态的均衡,那么,与我们相匹配的所有事物就会在这种不均衡的状态中继续延伸,继续错乱。

如果在一些特定的情形中,我们本身的状态发生了变化甚至扭曲,那与我们相关联的所有事物的状态,也会跟着发生变化。就是说,若是我们自身的状态先不对了,那很多人和事物、环境所关联的一切状态就都不对了。如果任何人或事都不在其本身的状态里,难以想象,那将会是一件多么糟糕的事情。这时候,我们对待任何人或者事物,都很难做出正确的理解、判断。

此时，假如我们没有足够的定力和抵抗能力去抵挡这种状态的扩延，如此恶性循环下去，必然会导致看啥啥都不对，干啥啥都不成，遇啥啥都不在对的状态里。而且，极有可能把一些好的事物扭曲化，把一些简单的事物复杂化，让一些本该保持在本身状态里的原汁原味的事物，涂满了多余的颜料，丢失了它原有的味道。

所以，无论在怎样一种复杂的环境里，我们都需要用心调试和稳定好自身的整体状态，将自身良好状态的饱和度维系到丰富、均衡和生长的范围内，不轻易被一些其他的外物所擅入，不轻易被一些混杂的事物所困扰。我们唯有时刻保持自我状态高度稳和，在正确的状态下选择做正确的事情，这样，达成率也自然是事半功倍，相对的成效值自然也是对应叠加。

我们是否可以持久地保持一个良好的状态，它直接可以导向与我们自身状态中所关联事物的进退与好坏。它不但可以影响到一个人整体的精神风貌和所行事物的成败，还可以决定一个人的能力、远见和他发展的提升空间，以及能担负多重的担子，这些因果循环都是事物与事物间紧密关联的反映。

思维角度异存

人都具备着对事物的判别能力和审辨能力，即便是各自的辨别方式不同，所参与到事物中的入思角度和定位有所差异，所能得出的结论也不具备全面完整性，但都有各自能站定的潜在立场。这大概就是人类文明思想所蕴藏的伟大智慧根源之处吧。

在对待某种事物的审查和评定上,即便我们所处的位置和角度都各有差异,审视事物的看法和结论也都有各自的立场和评判,但这与事物的本质根源并不相对立,并不相冲突,只是从我们各自的视角传达了一种源自个人的意识观念和对于事物的思想剖解与事实分辨。

任何一种事物都可能存在着可多面延伸的趋向,但无论它现有的趋势伸展、未来可能的发展定位会提升到哪个层面和阶段上,我们对于它的整体审视,都有相对自我的主观意识判断。至于高于外在的觉察,深入内在层面的探索和审辨,这都是我们自我思维审视有效提升的途径和方式。

人类的文明思想在于,无论我们所面对的事物是处于优势还是劣势的状况下,它都能帮助我们站定自我事物或者公共事物的审辨立场,以不同的角度和出发点去透视事物的本质根源,从而引发与内外维度多方面、多方位的思想共鸣和思考,从中探查到一些和常规化不一样的东西,塑造一种属于自我的审视格度,建立和完善属于自我的思想通道。

即便是某一种相对比较片面单一的思想和行为意识思考,也可以当作是一种深入思想深处和事物深处审辨的探引,来作为我们识定本身事物的参见点,更加细微化地剖解靠近事物本质的内详。以我们各自不同的思维视角和进入事物的审视立场,辨析和洞察到一些最有用的观点,总结我们各自对于事物整体的思维论述,得出最入思深刻和最接近事物本质的结论。

我们以不同的审辨视角、多方位的切入点、各异的定位高度，进入到事物当中的审辨立场，观点自然是难同异可存。只要是思考角度适宜，不偏离事物本质的定位方向，又符合对待事物规律的整体发展和判定，也传达相对正面的思想理论，就不失为是一种有效的审视方式和思辨思维。

所以，要是能在众多相对驳论的对弈中，产生出更有质量、更有价值、更有高度且深邃的思维理念概论，这便是人类思想所蕴藏和探查到的，伟大智慧所能提炼和粹取的思想和行为意识的精华所在，也是建塑成为一种高尚、纯良、优质的文化思想的根蒂所在。

对立面

正面事物存在的对立面，往往是我们所排斥的，但是，也不要生硬地与它为敌。

一些事物是以对立面而存在的，有正向延伸的一面，就必然会有反向对立的一面。事物中的正向面是随着事物发展的正常规律而运行的；而事物中的反向面恰恰是在事物形成和发展的过程中，充当了相对的阻力，其所产生的冲击值与我们所预期的良好效益值是相排斥的。

事物的格局越是往大的方向延伸，那么，它相对应的阻力就越是强烈，相排斥的力度也会随着事物的拓展相互冲击。它们就相当于两种无法融合的气流，我们越是强制性地压制，它的反弹力就越是会生猛地膨胀;我们越是要将它们相融合,它们相抗拒的力度就会将彼此推得更加遥远。也就是说,正向面在正常运作的同时,它的对立面也会随着运作而相应作用。

正向面与反向面的存在,就相当于两股同步流动的异体,不能完全地相融合。即使将这两股力量视为一体,也无法彻底地将任意一面除掉,分明地撇清相互间的联系。它们无论立于任何事物中的任何一个位置,都是相对应的一种存在,因而才构成了事物完整的组合,缺一不可。这两种抗体间的逆流,前者是后者的引流,后者是前者的推动。两者间的关联不能过于生硬地去碰撞,否则便会加剧相互间的排斥和摩擦,破损了事物的正常运行和延伸。同样,维持好它们各自发展和延续的引向,不过度地倾向于某一个侧重面,才能顺应事物本身的自然延伸。

如果我们过度地朝着事物运行中的正向一面施加负荷,那么,它对立面的反弹力度也就越有可能会冲击到事物的正向面及我们自身的平衡。它们的存在必须是对立平衡的,不可过度偏重于哪一面。一旦事物的延伸无法掌握两者间的均衡,过度放任事物的对立面放大或者偏沉,那整个事物的存在就会失去原有的重心,陷入悬空或者僵硬的局势,难以扭转和调控。

事物的双向面或对称面,我们可以允许它们两者间的对立,但不可以过度失衡,务必要保持好相互对称的方位走势和运行力度,这样便不至于触发和形成事物的偏激走向。就如同人的左脑和右脑,虽同步生长在脑组织的两个相互对称的大脑区域里,但它们之间的功能运作,需要保持同时运行,发挥各自应有的效应,两者同行并存,相互牵制推动,才能维护好整个大脑的健康运行。由此,事物的两面唯有相调节、互推动、保平稳,才能维系好整个事物的发展和均衡。

互补与互缺

人与事物之间的相互衔接与对应,一方面以互补的模式存在,一方面则衬以相反的另一面,以互缺的模式存在。

人与事物的关联点,往往是一种对称面的重合,两者间会出现互补的一面,就必然会出现互缺的另一面。当然,人与事物的互补面,多数时候是极具建设性的,两者相互间的关联及共同建立,也是以相互建设为前提契合的。

我们所参与到事物当中的相互连接,环环相扣,正反面对接相称,而又能道中生道。譬如:人们在事物的磨炼中,可以显得老道、干练;事物在人们的操持中,将会变得更加完善。任何事物的所不到之处,人们都可以以智慧填补或者调试,而人们的能力也在处理事物的过程中得到充分展现。事物通过人们的参与和打造,将会更加完美;人们在事物的建设中,可显得游刃有余。故于此,它们彼此间的作用是共同建设,相互推动。人与事物所关联的每一个节点,也都是相互有序衔接的。

如果我们能够以正确的方式参与到彼此的立场当中,两者间可以形成互建互补的共赢思维,那它的存在模式必然会是互利互益的,对于双方都有向好延伸的发展空间,甚至可能会实现大方向的突破。相反的,它们之间的关联和疏导如果出现反差的情况,两者间的互补模式就有可能扭转为另一种互缺的模式。那么,人与事物的相互架接模式就会在无形中形成另一种对立的模式,双方的关联局面也就会转变为另一种破坏性的局面。而这种破坏性的局面切不可随其长期恶化,无节制地纵容它的无端蔓延,否则对于任何事物的建设都是极具摧毁性的。

同时,它所引发的一系列反向力抨击,对于参与到事物当中的任何一个人,也是一种内损,极具破坏性,对于任何事物本身的正能产量,更是有损无益。如此,人与事物的共存意义,也便失去了它的对称推动效应,相互间的存在更破坏了人与事物间正确对接的互通互建的运行模式。这种相互破坏的对接模式,对于双方的共同关系建设,无疑是一种极大程度上的互缺。

而我们在与任何事物的共建和融合中,最为正确有效的方式,永远都是前一种。因为,它的顺应发展空间对于双边的关系和互利建设更具实际效应;而后一种却是相互损耗的劣势行径,无论是从根本还是双边发展途径的共存面及相互间有利关系的稳定延续上,都无益于双方的共同建设。亦于此,我们与人与事的立场和态度,能融则融,能通则通,能避则避,切不可强制失衡,扭曲了事物原本存在的面目。

哲思篇

第六章

■ 事物的完与缺

人们都愿意将喜欢的事物尽可能地保存,使其完善、完好无缺,但事实上,有多少人能真正做得到呢？一些好的东西往往只会停留在人们思想的印象处,却难以投放到生活的现实处。

我们大多数人都乐意将自身所喜欢和在意的事物,发扬或者善存到尽善尽美,但是,在运用到实际层面的过程中,会有些许的疏漏和误差,这一点是难以避免的,也是无法回避的。也许,事物从出现到可以完整地展示,都会存在它的欠缺面。

事物存在的两面总是对立的,有完美的一面,必会有缺憾的一面。在同一事物中,它们是两线两点间的互吸互对的关联,相互间的摩擦和交错必然会使事物产生或大或小的差误。所以,在任何的极限中,都无法存在十全十美的事物。

我们或许可以把事物的完善和欠缺之间的间隔与误差,降低到缺憾值的最低点上,将事物的完善度保持到最好的致点上,但是,如果想要将两者之间的关联实现到完美的同一化,终究也可能是无一能及。

事实上,我们都擅长把一些好的东西,集中到我们的头脑中进行罗列排序,把一些东西当中最完好的一面,整理好打包存放到记忆的最深处。在生活当中,梦想与现实之间难以跨越的那道鸿沟,总会有着这样或者那样的偏离与差距,而那些已经停留在印象中的事实浮现,和现实中所形成的事实呈现,实则是两种完全不同的体现。

那些值得我们永久地存留到印象深处的东西,它们所能占据在记忆当中的比重和完善度,总是那么美好和无懈可击。如果将一些美好事物投放到事实面前,和印象中的对比所产生的差异,有时候又难免会有些不尽人意。也正是因为这两者之间的对比反差和所存在的不同,让我们对待它们的关联有了一种更真实的观点:

在真实的现状中,一些事物所能达到的完美度,往往小于印象中的期望值;现实中的缺憾度,往往大于印象中的预期值,这两者之间的微妙关联,将是持久相对的并存。或者说,印象处所储存事物的完美值会优于一切真实事物的表象,同时,缩小或隐藏了事物的欠缺。现实处所体现事物的欠缺度会相对明显地浮现于事物之上,同时,掩盖或缩小了事物的完美值。但实际上,任何一种真实完好面的实效值都会大于任何一种印象处完好面的实效值。

总而言之,任何一种事物的两极之间所会呈现的形式,是一种需要相互对称的存在,唯有将事物完美的一面和欠缺的一面尽相呼应,巧妙结合,才能构成了事物的完整面和它的实效值。

完整的意义

当我们实实在在地能用心去完成一件事情的时候,才有可能明白和参悟到,什么才是它的意义?

在我们还没有彻头彻尾地去验证和经历完成某一事物的时候,是无法完全地领会到其中所蕴含的滋味的。很多事情,只有我们亲身经历过后,才有可能领悟到当中的一些道理,实现其整体的价值和意义。

在我们开始决定深度介入一种事物时,有时只能参与并做到了事物当中的一部分而已,或者由于一些其他的原因,中断了事物另外一部分的进展和延续,没能坚持到最后,那自然也就无法获得它完成以后可能创造和回馈于我们的喜悦和满足。

事物的整体结构和那些分化的细枝末节,或者它所形成的每一个部分当中的实物产生的阶段,它只会片面性地包含了它所对应的那个部分,以及所对应层面的认知和收获。无论是局部所对应的阶段,还是整体所对应的布局,它们各自所对应的相对比值,都是一种折射感应的回放。

任何事物在它向前延伸的每一个阶段里,所产生的感知和效应,以及每一个进程中所获得的实效,都是完全不同的价值比率。

它的进程是随着事物的发展层层递进和变化的,它所产生的效益也是不断变化的。

我们只有参与了整件事物的源起,投入到它的每一步发展和变化之中,了解它整个经历和行为的过程及到最后所能得出的结果,才能更完整地接收到它在每一个不同阶段里所能释放出的每一种信号,所能返放于我们的实能效应。这样,对于整件事物的认知和结论才能有更全面的概括和体会。

对于片面参与的事物,自然只会获得片面的认识,或者只能单方面从某一种事物的某一个局部,了解和感知它的某一个侧面。因为我们所投放到其中的时间和力度,和事物分化的概论和成效比率,基本是可以成正比的。我们投入了多少,它都会有相对比例的反弹。我们对于某一种爱好的执迷度有多深,在探索它的过程中投入过多少精力和心血,它也会相应地在知识的认知和掌握方面有多少反馈。

而对于那些我们所择定或者正在进行中的事物,我们是否可以用持之以恒的态度,去保持持续完成该事物的耐心和定力,它直接决定了该事物可能会给我们带来什么样的成效和收益。

在一些事物中,所能体现的最重要的价值和意义,往往是在完成它的最后一个阶段里的某一时刻,所产生和出现的某一种突变性的回应。所以,不要只看事物前轴滑行的缓急,而更需要注意它整体的动轴和轴心,是否足够的稳当和牢靠,以及调度和估量它滑行到最后那一刻时,所能呈现于我们的价值取向。

人须有觉知选择思维

人不可能对众多的事物全部进行感知,而是需要有选择地把某一种感兴趣的事物作为我们的知觉对象去感知。与此同时,我们可以把与之相关的其他对象作为知觉对象的背景、觉知方向来进行参照,这种现象可通常理解为知觉性的选择性觉知。

在日常生活中及周遭的环境中,我们对于许多繁杂事物的感知和择求,是需要有一定选择范围的。因为我们不可能对所有的事物都要有所感知和回应,我们往往会热衷倾注于自身所喜好或者能吸引自己的事物,去观察或者投放部分精力去慢慢熟悉。在思想的深层处,我们会识定一个必要去觉察和感知的特定的事物对象或者人物对象,更加深入地去探寻和了解。

如果我们对于某种事物的热情度和执着度,已经达到了必须去觉知的高度,想要更全面和更完整地剖解到一些根源性的问题和信息内容,那不如先从事物的侧面入手去探查。比如说,我们可以先去罗列一些与事物相关的相对小的范围,从中找到一些侧重点定为某个方面的参考方向,前提是这些设定的重点条件所能产生的价值量和信息量的参照面,是最接近于我们最初择定对象的本身面的。

至于在此当中,我们所做的一切铺垫和预备行为,也许只是为了把注意力有计划地集中和投放到先前所指定的对象的身上。在他们的周围和局部的环境之中,从侧面深入探索,来解答我们对于已择对象的认知,把该对象所涉及的某些关联事物、人物当作背景参照物,从不同角度观察和了解,并从中获取更多的信息量。

从外在的层面来理解,就是一个需要我们有方向、有目标地去选择所要觉知的对象,并参与其中的过程;而从内在的层面来细化,则是我们需要从根本上来量化某种所选择的感知对象。实际上,二者各自都有着明确的划分,都有着相对确位的知觉性的选择性范围和选择性定义。

在对众多的事物进行选择和觉知的时候,我们更需要以高标准来对待某种特定事物的觉察选择,来进行方位性地明确划分,需要有着高度的觉知选择能力和鉴赏能力,以达到对某种特定事物有更准确的定位和觉知方向。对于所选择的对象,我们从不同侧面所能感应和觉知到的信息量,和我们直观地进入而得到的感知内容,这两种效益值的总和反馈,才是我们所择定某种对象的觉知效应的全部收获。

唯心唯物主义观

唯物主义观主张,客观世界是物质的,物质是第一性的,而心理作用是物质产物派生的,受外在产物的催发。心理产物的建立和变化,是属于第二性的。

唯心主义观主张,人的心理产物是不依赖于其他物质的东西而产生的,而是本身就独立存在的思想主义的产物。因此,人的心理产物是第一性的,而一切物质的产物都是源于心理产物的东西而产生的,是先有内在思想的萌发,然后再有外在物质产物的派生,认为物质的产物是属于第二性的。比如:我们的心理感应是先产生某种思想,再逐步形成目标,接着才会有行动。所有后化物质产物的形成和产生,都是启发于我们原始的心理思想的萌发和串接,如此,所有物质产物的产生是第二性的。也就是说,一切外化产物的产生,都是源自内化产物的派发和生成。

而唯物主义观认为,人的主观思想是在客观世界中产生的,所有物质的产生是客观世界的东西派生的,人的主观思维只有先接收到客观事物外在信息的刺激和影响,才能触发内在思维运行而产生思想和精神的产物。所以,物质才是第一性的,而人的心理产物是属于第二性的。比如:我们很容易被一些外在的事实产物所触动,常常会惊愕于某一件事情,或者感动于某一种行为,引发我们内在的思想和精神产物的生成和转化,然后有一步步的思想建设,再有行动上的跟进。这就是说,一切物质产物的客观存在,才是派生和触发我们思想运作的主要源头。因此,人的主观思想是属于第二性的,是建立在物质产物进化中的第二产物。

这两种价值观的关联存在,观点和立场相对微妙。那么,究竟唯物主义是唯心主义的催发,还是唯心主义是唯物主义的前身产物?到底唯物主义是唯心主义的推动,还是唯心主义是唯物主义的派生产物?主要区别在于我们把这两种思想理论置放于什么样的事物当中,看现有的状况处于什么样的状态之中。

如果我们的状态保持在本身的静态之中,那么,人的思想本身就可以是一种独立的存在体,本身自附的一些思想产物,在不需要受到外在产物的影响时,自然也是第一位的。如果我们的状态处于动态的事物中,人的内在思想是必然会受到外在物质的影响而发生变化的,而物质的产物就会转变为派生思想生成的第一产物。

问题效应

发现问题的宗旨是解决问题，不囤积问题。

任何一种问题的出现，都是引导我们想办法去分辨和消化的，在我们所面临问题的阴影部分还占据很小面积的时候，它的负重力度和负面作用相对也是比较轻微的。这时，我们所能采取的应对措施也是比较积极和有效的。因为，在某些问题还未形成顽疾创面时，它的负能效应是容易溶解和分化的。

这就如同我们肢体的某一个部分不小心受到了创伤感染，在创伤面还没有太过严重的时候，就需要及时地去处理和治疗。这样才不致于发炎和感染，也不致于到了化脓和腐化的地步，引发我们身体的某个局部或者全身器官组织的衰弱，从而危及我们的生命。一些创口一旦形成顽固性的创伤面，再去处理，显然已不是易事。

我们对待任何问题的看法，也如同对待某一种创伤面一样，在它还是一个小问题，还没有形成一个完整的抗体，还没有牵扯到更多层面的问题和关联的时候，就需要趁早将它解决和释放，而不是一味地拖延，不当一回事，把一个本来很小的问题拖成一个大的问题。到那时再去面对和调解，一些问题的可覆盖面和创伤面对于我们的影响，可能就是另外一种结果和体会了。

任何一个问题的形成和变化，本来是由不同层面的多重问题纤维组织细胞组合而成的。它会由微到满，一重重地生长和变化,直到它能鲜明地摆放到我们的面前,被我们发现和重视。其主要原因是当它出现在各种层面和空间时,就表明它已触及了我们各自的正向效应,甚至转变为触及我们各项权益的危机和隐患。所以,等到某些问题的存在发展得越大越严重时,相对地,它所牵动的负重量和受压面,也会同比增加和放大,它所负荷的负面作用,对于我们的影响和打击也会相对较大。

不管在何时何地,我们在面对任何一种问题的考验时,最有效的方法是及时地发现问题,及时地解决问题,及时地分解问题生长的隐患,将问题的危机度持恒在相对安全和稳当的平面上。切不可把一些小问题无限地囤积起来,在无形中增加了它对我们的负重量,还可能造成其他更大的隐患。

各种问题形成的囤积密度是由小到大的,而再去清除它形成的影响面和障碍面所用的力度,却是由大到小。前者,是在不知不觉的情况下产生的,先生而后现;后者,却需要消耗我们大量的人力、物力去排除,释重而后生。故于此,在我们所面临的任何一件事情上,无论哪一个方向和环节出现了问题,必然是越早发现,越早解决,对于我们自身的各种权益和保障自然也就越有益处。

第七章

▋▋关系磁场链

人与人之间的情谊就如同一个大的磁场运作体,彼此间的磁极有背驰的时候,两者就会逆向相斥,也有相合的时候,两者就会顺向相附。虽然磁力有时会分散到不同的极点,但是都会在整个磁场的运作中相互作用。

人与人之间的关联,情谊与情谊间的联系,并不是一个恒久的长效定律,它会随着时间、事物、阶层、思维的见长和推移而转化,会从紧密过渡到疏远,抑或从疏远过渡到紧密,这种关系转化在整个关系磁场的运作中,基本上谁都难以避免。

无论这层层关联如何过渡和扭转,追及根源之处,它们之间的关系磁场依然存在着必然的关联只是在中间的某一个阶段,可能会被一些必要事物的牵扯、环境的转化和思想观念的差异,把一些人与人之间的关系及情谊与情谊间的纽带,分化到了不同的极点上,因而在不同的位置和立场上各尽所能,各取所需。

而在实质性情谊关联的进化中,人情的淡漠与世态的炎凉使情谊由浓烈转向平淡,使人与人之间的情分的关联点产生了移位,关系有了差别和距离而显得生疏。当中,可以导向两者偏向不同极化占位的因素,有的可能是由于人们遵循了一些事物、环境的发展和变化,与所处现阶段的占位顺势相合;有的可能是背离了一些事物、环境变迁的端点,选择了适应于自身路线发展的占位,在完成和实现自我制定目标的奋斗中,我行我素,遵循了自己的定位方向。此时,人与人之间的关联虽处于同一个磁场运作中,却已在无形中将两者的占位,分化到了两个不同的极点上。

但是,产生变化后的情谊关联如果出现在一些原始的、固有的、特定的场景中,人与人之间最原始的长效机能感应关联,仍然存在着原始的本质性关系,仍然会在一些固有的事物和某种固有的环境关联之中,在固有的磁场机能体制之中,相互间产生本质的关联和制约,有着必然存在的相互作用。

无论是对于一些我们主动参与的事物,还是对于一些被动衔接的事物,在整个人际关联磁场效应中,都会在本质机能体制中,有形或者无形地生成和浮动。而且,在事物和人际关系中所产生的依附作用,它的释放度是随着产生事件的大小,以及原始关系磁场体制中各自的占位比重和情谊关联的深浅而浮动的。事物形成的规模越大,整个关系磁场关联的效应感应,相对也会增强。因为它的整体运作形式并不是一种单一的直线串接,而是多方位的混合串接,是由一个占位移化至另一个占位或者生化出无数个占位的无限串接,相互的依附作用会在这个磁场体能效应作用中反复叠加。

关系中的情谊纽带

无论是哪一种真正情谊的存在,其运作模式都是相牵相扣的,时间越久,感情沉淀得越浓。即便人与人之间的距离发生了微妙的变化,但是彼此之间扎下的根就像一道环环相扣的链条,是永恒相系相连的。

每个人在社会中的存在不单单是一个独立的个体,还是由不同个体体系和团体体系重重组合的关联。无论是亲情、友情、爱情,它所连接在不同的体系中所形成的结构链条,只要是通过一步步地组建和巩固的,那么,它的根基也会是牢固稳合的。

即便在这个过程中,某些节点和关联缝隙中可能产生一些外在抗力的渗入,难免会分化和削减它原有的坚固,使它难以永久地维持一成不变的状态。但是,人际关联或者与事物所系的关系链条结构会随着时间的沉淀而更加坚固,并且难以被分解和离化。

反则,这种重重相关的关联体系链条一旦被破坏,想要再重建和复原,也必然是极为艰难的。因为在这当中包含了太多的因素和多层面问题事物的牵系,也沉淀了太多原始性的关联事物,以及在此阶段中沉淀和产生的事物关系量体。而这种反差下的事物量体的关系是相排斥和相抗拒的,在所形成关系维度中产生的作用和在整个关系链条中的影响深度和力度,都是极大的。

　　显然,向两种极点的异向生化,如果想要彻底地持恒或者相融,必然不会是一件轻松容易的事情。除非在这两者间的平衡确位上,能在彼此思想、灵魂的深层面找到一个共同的参合点。它可能是彼此间可以植入灵魂深处和影响对方思想的同一个人物,可能是所共同参与过和经历过的能进入印象深处的同一事物,来作为一种会触及彼此深层面产生共同意向的可能,从根本上缓解和消融,也许这样才会对彼此有所改观。

　　哪怕这重关联体系在一定程度上受到了某些损耗,而从外围的角度来看,它仍旧是一条完整的关系纽带链,一些必要的关联仍是相系相扣的。它在原有的关系构架中,在形成和成长时所扎下的根,仍然是相连接的。那么,从内部的角度来理解,它的内在关联实际上已产生了或多或少的裂痕,在这条已被疏离的本质性的链条构架面上,它也很难再抵抗过多的负荷。

　　但是,在现有的关系链条表层现象中,这种关联却是永恒存在的,只是它们之间所关联到的一些人或事物,已产生了质的转变,导致了它们之间各个层面关系量的分化,存在着一种形而相、内不同的现象。

事必熟思远虑

如果只是因为一时的冲动，鲁莽地去决定一件事情的开始，那么，这件事是经不起岁月的推敲和严峻现实考验的，甚至最终会留下永久的悔恨和伤痛。

我们决定任何一件重要事情的开始，必须要保持在一种理智的思考范围内，要经过思辨，对事物进行考量。如果某种事物所存在的某种形式和条件，都适应于我们自身所能接受的范畴，或者通过一定时间的打磨，能够让我们对一种与自身本不相合的事物有所融合，并在我们能够掌控自我的同时，也能摸清、适应并驾驭得了它的延伸和发展方向，且这个方向是我们本身想要进取的方向，那不如大胆地去尝试，去见证我们自己的选择和判断吧。

如果我们对任何事物的认识，没有经过细化的考量，加深对事物内在的了解和认知，就轻易地允许它介入我们的生活，占据我们的思想，左右我们的行为，显然这是一种不够理智的选择方式。也很有可能我们会因为一个不加思虑的举动，就此错乱了原本正常的生活。

对待任何事物的起始，我们需要建立与事物的发展方向相对应的立场，我们对于事物的投入，有着相对应的价值可以挖掘和探索。我们对于他人的投入也需要双方的思维观和价值观在相近的起跑点上。如此，才能收获相互间所给予的对等的满足或者意外的惊喜。只有我们与人及事物的共存点能够保持一致，相互间才会建立长久的延伸性和可持续性。

如果我们在最初与任何人和事物进行接触和建立关系时,并没有深入了解,就匆忙地建立起某种相互的关联,这并不意味着也可以产生同样的需求效应。有时候,反而会事得其反,非但达不到我们想要的效果,还可能费力无功,消耗掉大把的时间和能量,严重地影响到我们本身生活的规划和发展进度。

因为在不同站点和航线的人和事物相互间的反差和背离面,常常会超乎我们的想象和测定范畴。这对于我们自身的危害和损耗程度是无法估量和计算的,通常也是经不住时间的推敲和现实中相碰撞的冲击的,更是经不起严峻事实的论证和考验的。

故此,道不同,难相为谋。否则,终将会留下无尽的伤痛和难以磨灭的人生悔恨。

深思熟虑者,方可谋定成事,因为凡事必不可浅谈轻就。唯有我们深植于人和事物的深层面,了解和认知到其最真的一面,才可能确立我们各自的方向是处于什么样的立点上,每前行或者上升的一步是否同在一条航向和目标上。如果反其道而为之,要明白适可而止。一旦所行方向一致,那谋定远虑,或许更能够接近各自的目标。

哲思篇

小心驶得万年船

对于某些人和事物，在没有太多的接触和了解到内在结构的前提下，都有必要抱以严谨、警惕的防备态度。我们对于任何人和事物的信任，都需要建立在彼此间相互了解，并可以维护好两者长久平衡、诚信关系的基础上，而并非仅以外在的一些肤浅的认识，就去肯定一个人或者一种事物。

对于一些算不上熟知或者没有太多正面接触的人和事物，我们自我本身需要有一种较为严谨的防护意识体系思维。对于没有太深层面结交过的人和事物，需要留出一定的空间，深入观摩和了解一些不易显见的复杂因素，更需要设立无数道警示防线。多一点自我保护的意识，就可以避免或者少受一些原本不必要有的伤害，这是我们应对一些陌生人和事物的必要防备。

我们认可任何一个人或者一种事物，必须要确立在相互间长期共事的守信对接上，多层面地反复考核确认。信誉指数多数时占高，少数时偏离，且能够维持长久、有效的诚信管道畅通，是彼此建立平衡、诚信关系的最关键要素。如果反复核定的结论是反过来的，信誉指数少数时占高，多数时偏离，那就需要多保留点待定的空间，增强自我防护意识，尽可能地多一些深入了解。因为人与人之间的信任，多数时候是在长期共事的基础上来识定的。

正所谓："人心隔肚皮，俗事藏玄机。"有些东西，只看到外在面表露出来的一些浮象，并不一定就是它深层面的真实样子。有些时候,我们也会被一些事物的表象所迷惑,错乱了识别意识,可能会做出一些失误的判断,使彼此间的某些潜在益处受损。比如把本来向好的人或者事物扭转错了方位,把本来偏离了向好方向的人或者事物,反而摆到了正位。

如果我们想要真正地识别和看清一些人或者事物的真实本相,唯有彼此在思想层面上有深入的内在接触,才能建立起实效性的相互对接,并在一些长久的事物参与中,形成和确认相互间的好感和信任,排除对于一些人或者事物表层的猜忌,从内里建立起深层面的互识管道,重新认识,纠正或者互补原有外在层面所形成的失误认知和判断。

在对任何人或者事物的认知过程中,我们从内在面建立起思想和行为上的相互关联,在行事中共同建立起互信通道,彼此间共同达成责任意识,并相互建立各自的诚信标识系统,守护好各自不该触碰的意识防线,各自的行为需在向好的方向上长效行进,这样才有可能维系好人与人之间长久的信任关系。长此以往,相互持续平衡,行久必可守诚立信。

来一场与自我的谈判

有一种谈判,具有历史价值和意义,闪烁又迷离。有一种谈判,具有深刻的内涵和启示,意味最深长。

如果我们面对无力企及又无法决定的事物,存有多重的疑虑,那此时过多地参考外界讯号,也许会显得更加纷乱,不如与内在的自我进行一场深层次的谈判吧!

首先,务必要理清所及事物会把我们的未来引到一个什么样的方向上,对于我们的前路起到什么样的作用;在参与它的同时,思考可能会产生什么别样的价值和意义;判断它所能趋向的结果,对于我们整个人生的定位,是否存在过于严重的隐患或者致命的影响。

如果我们在不同的维度上,衡量了所参与事物的各个方面后,仍有可行的实用价值,且当中的利大于弊,那么不妨放胆去尝试。任何事物都不可能有百分百的优长,都是或多或少存在了一些隐患和风险,只不过有的是相对直观的存在,有的是相对隐匿的存在。那么,究竟该如何判断和选择以及决定它的方向,这需要我们拷问自身内在的认知、善恶的界限、思想的可受力和极限度。

我们除了要参考所及事物是否能给我们自身带来益处,也需要考虑到它是否会损害到周遭他人的利益。我们要确保所及事物不建立在损坏自身及他人的立场和基础之上,去追求多方的共赢。

其次，分辨它是否有助于带动众多人共同参与，并有望谋取众多人的共同利益。如果不但对自身产生好的效益，还可带动他人产生稳定的效益，且不会触碰到一些原则底线，那事物发展的结果，便糟糕不到哪里去。

反则，如果它的涉入对于我们自身不但无益，还会损害到周遭及他人的益处，造成多面积的整体损耗，那这些事物不涉及也罢，反得自佑。对于任何一种事物的选择权，其主动权都应该由我们自身去掌握和决定。这样，纵然将来可能反转，也是当初我们自身的意向。

最后，我们在面对多项事物的多重选择时，更需要建立一种自我进行选择和决定的独立思想，和对任何可能会对我们造成某种隐患的事物有所防御的自我防护意识，以及对人对事的自我承担意识。如果我们把共同选择和参与的事物放置到众多人中，从多种层面去看待，那它就是一种归于集体的事物，我们各自都有一份使用和维护它的权利。如果只是我们个体选择和参与的事物，那它就该归于私人领域，就不该过多地受到他人的影响。

因此，外在的多重讯号和提示，多数只是事物外在层面上的认知，对于核心定位的认知和考量，唯有我们自身去体会才能更加深刻。换句话说，识物不如识人，问人不如问心，辨心不如展开一场与自我的思想谈判。

第八章

觉醒

为人者,需要在经历的同时也能觉醒。

我们在参与任何事物的同时,何尝不是一边经历着,又一边醒悟着。也许,我们浅入事物的表层,可以达到对某一种事物的认知及观念上的提升,但是想要探究事物的本源,必须要有那种可以撼动到灵魂深处的思想见解。

我们只有在与事物对接和触碰的时候,才会接收到相应的反馈信号。介入得越深入,相对应的事物对于我们的反馈信号也就会越强烈,那我们所能参悟到的东西便可以更富有深度,且具有穿透到事物深处及事物本质的力度。

如果我们在介入某事的过程中,可以摸索到一些超越常识的真理和不一样的见解,那么相对应的反馈信号会由弱到强,从外向内进阶和过渡转化。

经历是指我们在行走和参事的进程中,感知、认识到当下事物的形成,和其在每一个阶段和周期里的变化及发展的规律。觉醒是指我们在深入理解某种事物后,可以洞察到超越事物表层的现象,觉察到一些更具深度和接近事物本源的认知,以及判断它在发展中的演变和可能导向的任何一种结论,而彻入我们思想根处的顿悟。

也就是说,我们对于事物的敏感度和觉知度可以达到什么样的水准和程度,那同样,我们对于它的参悟面就可以深刻鲜明到什么样的深度和精准度。任何事物的核心内容、影响和价值观念:唯独到,不心裁。

我们在经历当中的每一次觉醒,只会让我们的思想不断地紧随思考的步伐,逐步变得健全和成熟,使我们的应对能力提升。它是一个度化修为和增长建塑的有效过渡。即便我们在经历的当下,没能及时地感触到太多的东西,可也许在过后的某一刻,对所及事物也能有所觉察和感应,有深刻的认识和考量。

有时候,我们对于那些不曾经历或者所经历过的事物的感知,可能没有先知先觉,无法对某些陌生或者不算熟悉的事物有事先判断,也可能没有现知现觉的当下感应,无法及时地接收到事物所能反馈于我们的信号。但总会有后知后觉,让我们在经历以后的某一时刻,对事物进行思辨,有所感应和觉醒。

因为我们每个人对待事物的参与能力、觉醒能力都是各不相同的,所以各自的结论也会大相径庭。

浓缩的痛是精华

大多数人会把一些小的伤痛放大,受到一点挫折和打击,就认为自己是世界上最不幸的人,内心就会在某种痛苦的挣扎中不能自拔。其实,大多数时候是我们自己给自己增添了思想负荷,而并非事物本身的重量。

万事皆有源头,遇事要站在一个正确的立场上去分析,用清醒的头脑、理智的思维去判断,仔细分清事物的发展和缘由。其实,凡是事物所连贯的脉络,都会有它初始的起源,会有它形成的过程,会有它细节变化的枢纽,会有它必然导致的结果。只要我们能把心放平,把思想植入一个静逸的空间和安定的状态中,冷静细致地一步步去解析,就会理清事物串接的根源,和它是如何一步步地演化到令人们无法承接的边缘的。之后,再找到一种适当的方法去化解。

比如:一是转移事物的承载重心,自我主动减轻思想负荷;二是借以其他事物的介入,分解原有事物的集中载重量,间接容纳和消化;三是直接面对事物所带来的冲击面,用我们的容量去包容事物本身,以我们自身的内力去抵制事物本身的内力,当我们可以变得强大的时候,就是它可以消退的时候。如此,对症下药才能标本兼治,把复杂的事情简单化,大的事物分解化,便可大事化小,小事化了,而不是搅成一团麻,乱了我们本身的方寸和思绪,被事物所困惑,否则就会造成难以分化的伤痛,即把小的事物和伤痛放大化。

很多时候,我们所承受的某种事物所引起的伤痛,更多的是事物的浮化所产生的一种假象,或者是出于一些伤痛的突发刺激,短时期地占据了我们本身思想活动的布局,在无形中给自己组合加放了太多的思想负担和精神压力,而这些深层面的思想负重的部分,并非完全来源于外界或者事物本身。

仔细划分一下,一些人、事物对我们造成某种伤害和打击后,它的创伤面是复合形式的存在:一种来源于我们自身,心灵挫伤后反复储积,成了思想包袱;一种来源于外界,是碰撞性挫伤,对于我们产生各种冲击和影响。在这样一个合成体的形成中,我们所负荷的伤痛重量是成倍叠加复数形式的一种存在,这也是我们最难以忍受的阶段。

但是,只要我们有足够的信念和承受力,挺过这个关键时期,静下心来,让我们的情绪和思维回归到正常的点面上,重新整理好思绪,逐步将它分解和消化,就会很快复原到原有的精神状态上。一旦走出自我的思想困局,整个人的整体状态反而变得更加饱满。所以,学会释放自我,消化伤痛,哪怕是再烦琐的事情,也都会迎刃而解,一切伤痛都将在超负荷中逐步减轻。最终,我们的精神和思想可获得无限释放。

哲思篇

享受孤独

如果我们不能把"孤独是煎熬"过渡为"孤独是享受",那么,我们的人生阅历和能量储集定是不足的。

人的孤独,也许只是一种探寻的引索,我们能有多少忍受孤独的能量,就可以有多少创造价值的能量。人的思想和行为除了能在事物的触动中生发出有效信号和产生本能的行为反应,多数情况下,也是始发于长期的积累和沉淀。而孤独可以深入任何始发思想,成为一块凿山之石。

孤独,多少人把它当作是一种痛苦的根源,但实质上它是完全可以靠我们自身的能源来化解的。它并不单单意味着承受煎熬和苦楚,当我们能以足够的耐力来面对,并有信心战胜自身的空虚时,它可能就会以另一种饱满的状态填补其他任何一种形式的空缺。当这种能量足够的时候,便会自动营造出一个新的能源空间来取代虚缺的部分。

这完全是一个内修维度转化的过程,也是我们正确对待自我和化解孤独的过程。所谓孤独并不可怕,并不会对我们产生多大的内耗,只是需要我们能以更好的方式去过渡和转化。我们以平衡自我的方式启动足够的内在能量,来填补或者取代它荒度的虚无,修复本身空无的部位,或者营建另一个富足自我状态的思想维度,复原、组建另一种全新的思想空间,它会超有力地帮助我们走出由任何原因而产生的孤独局限。

如果我们没有足够丰富自身内在的量,来配合完成这样一个转变和再生的过程,那说明我们通过经历所获得的自身的思想进化和有效能量的总和,都无法达到内化的量。

所以,孤独究竟是煎熬内心的考验,还是提炼自我的享受,完全取决于我们内在能量的疗愈力和抵制力,是否已经达到了化解和转移它的那个维度。如果我们没有任何抗御力并允许那条条孤独的丝线无尽地蔓延,它必会一口口地吞噬掉你思想的源泉,把你引向更加隐僻的孤坳,限制我们的行为能力。但是,如果我们有足够的潜力和能力,使任何一种孤独的局限伸向另一个角度的思维面,展开另一种新的思想路线,并填满它的空间,那孤独的存在显然已发挥了它的有效余力。

因此,对于所有内虚的人来说,孤独就是一种无法跨越和承受的煎熬和痛楚。而对于所有内实的人来说,孤独就是一种丰富和开创新的储备空间,以及创造全新价值的另一种别样的享受和体验。它会在我们的生活中置于怎样的位置和角色,对于我们会产生怎样的损耗,或者开启怎样的拓展空间,最主向的那根线条由我们自己来牵动和把握。

哲思篇

主宰自我

有些事物的取与舍,不要过于依赖别人,要知道自己才是最有选择权和决定权的那个人,依存内在的声音,要明白任何相对立或者契合的事物,从来都是双向的。

在人与人之间所建立的相对应的人际互动中,面对一些问题事物的取与舍的关联,其实,我们不必过多地苛求,过多地在意别人的看法和抉择,否则会影响我们本身的意愿。无论是事物与事物之间的相对建立,还是人与人之间、人与事物之间的相对建立,当中任何一方的择求意愿,无须过于依附于另一方的择求意愿,更无须由另一方来决定。

在两者的关系定点上,双方的立场本身就该是相互对等的一种存在状态。双方同样兼有决定和选择所对应问题、事物的权利。我们应该依存内心深处的声音,以本源之处最真实的需求,去衡量事物与自身的关联,再去决定任何事物的取与舍。

我们对待任何问题时,如一方硬加于另一方,那只能算是一种单方面的制约,而不是尊崇内心真实的取舍。我们唯有把事物建立在双方对等的方位择求点上,双方彼此呼应对等的需求,才可能对事物的价值需求和认可达成一致。

同样,我们看待任何事物,更多的立场是实际择求和内在需求,看是否和事物处于双方共同需求的立场点上。当它们之间互存的比值恰成反比,而且比值相差较大时,自然也无法获得双方同步的认同。在多数情况下,反而可能会以另一种形式的出现,转变为否定。

凡是以我们内心最真实的呼唤和需求为基准而定向的事物,多半会站在一个相互间较为对等的起点上,所能达成共识的几率也相对较高;凡是违背我们内在最真实的需求,而过多地偏差于两者立场对等的边界,由一方过度地偏择于另一方的立场,多半也暗藏了它舍的一面大于取的一面。

对的存在才更有意义

如果一种事物的出现只是为了忍受相对的伤害,那么,为什么要允许它持续存在?

假如说,我们对人对事,只能以相互反衬的对立形式存在,这无疑对彼此都是一种损耗和伤害。在我们尝试与人或事物建立一种对应存在的关系时,首先,必须确立彼此的立场是否处在同一战线和方向上。

如果两者的关联仅在搭建相斥的关系上,那它们之间只会在相斥的磁场模式下,更多地暴露彼此的弱势。这样的话,无论是基于哪一方面的认知和观点,多数时候都会反其道而行,两者难以达成相吸互益的共识,双方所选择的路径和行为方式自然也会各有差异。即使能够以外在的形式将双方的对应立场生硬地叠加在一起,它们之间所存在的思想和行为相对应的潜在磁场,也必然是相斥的。

所以，我们在择求任何事物的时候，要尽可能地选择一些与自己的思想行为、立场相吸互益的，唯有在双方同处于一个共同的磁场关系中时，我们才会创造出共同的效益。即使在各种不同层面的问题交织中，两者间相对应的意识或者行为参见点也会更容易达成共识，所能发挥的作用才会显得更有意义。

当然，有时我们身处于某些事当中时，会被一些外在的诱因所迷惑，可能在我们还无法确立一种正确的方向感时，会误以为那些外在的形式上的相斥面与我们内在的益存面是不相冲突和矛盾的，如此以虚对实，也无伤大雅。但是，如果所处事物的那些外在形式的相斥面，是一种顽固性的存在时，那它所产生的负面影响也就会以虚误实，对我们内在的冲击幅度也是此起彼伏，以至于产生更多层面的严重负累。

如果我们在外在的形式和立场上，误以为很正确地维系了一种错误的事物时，那事物中所对应相斥的那一面，就会在所向形式的结构驱动下自我膨胀，它所对应我们的冲击力度便可能成倍叠加。而事物中原本内在面的那些相对正确的结构关联实则在无形中早已被干扰，甚至可能会受到不同层面、不同程度的消耗。

此时，我们应该及时地以理性的一面将两者间的相斥面所产生的不同程度的损耗和伤害，在还未形成太过严重的冲击时，进行必要的抑制和阻挡，先行解除和规避掉一些错误的出现，以及它可能会偏向的深度恶化的局势，以我们所有实际关联的内存能量,形成另一种更加强大的对抗结构,以实化虚。也许这样,方可防患于未然。

相对而言,唯有对的存在,才会更加富有意义。

第九章

无敌思维

也许，世界上有一种无敌的逻辑思维，就是可以把自己的思维导向别人的思维，再把别人的思维融合于自己的思维，运用别人有用部分的思维，调试自己的思维。由此，我们或许在任何交际和运用中，都会占据主导位置。

多数人都各自独有着一套完整的逻辑思维结构模式，在事物的运用和处理方式上，都有着一套各自的方式和方法，但多数自我思维逻辑的运用，都是在相对狭义的范畴之内。如果有一种逻辑思维的构架模式，是相对比较广义和全覆盖面延伸的，它或许就是一种把属于自我的构架思维程序，装入他方的逻辑思维结构中，导向多数人的思维结构程序，再进入自我的逻辑思维结构中，运用多数人的逻辑思维不断校验、调整自我的思维逻辑程序。

也就是说，我们用自身的有用思维去影响他人的思维，导入他人的思维中,使他人接受和运用我们思维中行之有效的部分,使原本两种不同的思维模式相互促进融合。

以他人良好的思维模式补充我们尚且不足的思维模式,使我们的思维构架模式达到标准化、完善化,有效推动自我思维模式生长,使它向更大的空间发展和延伸各种有效可能。

在接纳一些良好思维的时候,也要接受在思维与思维碰撞过程中所出现的不完美之处,不要急于求成。通过多方位不断改善的途径,我们要挖掘出更多自身的潜能,发挥自身的思维优势,使自身的思维运行达致更加理想的状态。

这两种双向结合的逻辑思维模式,必然会攻克和超越任何一种相对比较单一、比较薄弱、也不太健全的思维构架模式。这就等同于运用他人的长效思维,弥补我们自身思维的漏洞和短板,从而形成另一种全效的高能思维。因为任何一种高质思维的产生,都需要由浅入深地不断繁殖和蔓延,不可能一步到位。

如果将同样的理论运用到其他场合、其他事务关系中,向外在的一方传输我们自身有效的思维方式,接纳他方新鲜、独到的思维见解,将一些不同的互通点融合,当中最擅于掌握思维模式共通互建的那一方,就必将会占据相对的优势。

以外在思维解析内在逻辑

我们若以故事外的串接思维，去看故事里细节的内在逻辑，就会勾勒出故事中的编排框架。

这就好比我们在生活中能凝练出某些创意，如果以外径的宽度去兼容内径的宽度，就会发现它们两者间虽有相容之处，但生活和创意的定位实为两回事儿，它们都存在着各自的延伸视角和内在的细节分化。

生活和创意本身是两种不同的定义，从外化的角度看，它们是两种截然不同的概念和展现形式，但是它们之间实质的关联有着巧妙的可兼容性。它们之间的互建关联存在着某些必然性，而事实上又是不同定义的两种划分体。

从主观的角度来理解，所有伟大的创意都源自于本质的生活，任何一种精妙的创意都需要在鲜活的生活中萃取和提炼。它们的关联就是我们在某一时刻所萌发的一种思想，在与现实空间里的某种实物体所碰撞出的一种奇妙火花，进而生成的一种融合物及速效的结合体，最后形成某一种发明或者创意。

从客观的角度来分化，生活则是以一种固有的方式存在，从外在的边线来看，虽有不同的呈现形式，有不同的等级阶层，有不同的生存模式，但都可归结为同一个固有的命题，是属于一种实质物体与实质事实同时存在的共同空间。而创意应归结为是思想的产物，在通常的惯例中，它是在无确立性的偶然情况下，由一些思想、事物的引导和刺激,在间接连贯性的或者突发性的状态中产生,是属于一种极其偶然的、流动的生发和存在。

同样的道理,在很多事物的内外关联中,往往都是旁观者清,当局者迷。对于一些相对复杂的事物,如果想要理出一条更清晰的线条和思路,我们只有保持停留在事物外在的思维模式上,去辨析事物内在的思维逻辑,才能有效地分辨出一些事物的本质。

当我们对于一些事物的思考状态陷入模糊和混乱时,说明已脱离了最佳思维状态,那么,请理性地向自己叫停,留出一定的缓冲空间来,或者换一种思考的方式,站在事物外围的角度,将混乱的线条全部清零,重新整理出一条清晰的思维路线,以远观的方式去理清近在的逻辑。或许,会有意想不到的收获。

往往我们站在事物边外的立场,去看待事物内里的结构,它就会是一种完整体的呈现。这时,我们无论从当中的哪一根线条去探查内在的细节关联,它都会出现一个鲜明的方向,而且在这根线条中连接了它所有的细节分化,单看某一处时,它就是一个细小的节点,集中地看一个小的面积时,它就是一个小的整体。而事物的完整体正是由多个不同的小整体组合而成。以此类推,多么复杂的事物,也可以逐个分化。

外化源于内化本身

从根本上识别一个人或者一种事物，不单是看外在浮面的表现，而是要深入其内在面辨析缘何会如此表现。仔细辨清事物的根源和结论，才会构架出其演化的全部过程。而事物当中所隐藏、生成和分化的一些细节，也会逐一显现。

如果我们从源头去识别一个人或者一种事物所存在和隐藏的内外关联，就必须先要辨析这个人或者这种事物本身所存在的内化产物，而并不只是单一地辨别一些外在显现的表象，我们还要看其会运用什么样的手法、途径和展现形式，来充当现景展示，从中推敲和辨定出不被外化的、隐象中的真实内容。

在某种特殊的状况下，一些事物所会呈现出来的外在表现，有可能并不是事物原型的实际展现，很可能只是为了制造某种虚化的内容，来填补表象的一种虚像，从而转移关注的焦点和视线，由此来掩盖更多内在的实像。并且，随着事物向前逐步延续，一些外化产物在事物中的占位形式，也会逐步演变形成一整套外在的形式构架，更加隐化了内化产物的真实面的存在。

在这样的巧妙转化和现况中，首先，我们要学会如何分清和辨别一些人和事物内在当中的思维逻辑、整体的发展规律和延伸方向。我们才能做出相对准确又理性的判断和逻辑思维推理，以现已形成的常规化的外在思维构架，串联内在逻辑所构架和形成的个别因素和实质产物，再去分解为何会有另一种外在的表现。

事物可能会有的任何一种展现形式，只要从其根源入手去剖解，以发始的起因、形成的过程、发展的转化和最后得出的外在结论，去探实到内在的逻辑，将这之间的关联相结合并思辨分解，划分出完整的线条，把重要的细节分化归位，逐一推敲。这时，基本就可以构架出一种事物由内向外逐步演化的全部过程了。

总体而言，任何人或者事物所会呈现出的某种外在形式，都是由内在逻辑向外在转化的一种变向延续。事实上，一些外化物的综合产物都是源自于内化物的本身产物。因为外化物的形式在不断进化演变时，它会从另一个侧面间接地透视出内化物的生成逻辑和传递出内实物的深层讯号，它们两者间抑扬顿挫的巧妙转换及相互补充、相互结合的整体构架，才是一些人或者事物相对完整的事实呈现。

支点可化，局不可乱

当事物的整体运作难以辨析、判断时，先找准几个点，去看每一个点的枝节变化，分别勾勒出几根线条来，再串接起来看它在事物的整个运作当中的走势动向。如果已形成了难以掌控的产物链，还要看以后可能会有的形势走向，能发挥什么样的作用。最终周旋如何处理时，看大局的整体形势，调试均衡，顾全事物整体的可持续运作。

对于某一种事物，在你难以分辨它的脉络和方向时，那就在一些细小的节点中寻找端倪，每一个细节的背后都会牵系着一个必然的主题。这就好比去侦破一起刑侦案件，只要作案者在现场留下点什么线索，就可以顺着这根线索查找到一些与它相关的蛛丝马迹，牵出整个案件的原委，最终找到作案的行凶者。一些事物与事物的关联，大多有异曲同工之处，有目标地确立事物中的一个主题，必然要先以与它相关的细小节点为入口。

如果事物的延伸和发展，在现有的条件下已形成了一个庞大的链条，同时，它也会形成所有现行条件的惯性驱使。在整个磁场的带动中它会自动运转，包括每一道流程和细节的运作。在这种连环性循环的情况下，有时候以人之力是难以掌控的。假如一台大型的机械在运作时，工人在生产链上放错原型模板了，它还是会照样运作，人为的小动作根本阻隔不了它强大的运行功能，想要降低生产链上的损失和失误，最好是关电源、拉总闸，才能及时停止和挽回后续的损失。

此时，就要顺应已有部分的掌控形势而上，以现有的局势和操控限度，融合到事物的中心和主向位置，再逐步接连每一处事物的细化节点，把每一处细化节点的部分各自组合好，与事物中的重要部分形成同一条战线，再将事物组织链转移到我们人力所能掌控的范围内，进行调试。如果事物中的每一处细节都可以逐一扭转，那与它链接的每一根线条的组合就有可能扭转，那事物的整体也会随之被带动扭转。

如果做了所有的可能补救后，由于一些事物具有长久存在的顽固性和一定的稳固性，以及它现有的规模已形成了某个时代当中的代表性特征，在全力阻隔和扭转后，从根本上仍旧无法改变什么,那么,最终决策该如何处理时,必须要参照所及事物的整体局势发展方向,以及它所存在的生产关联或者它已形成的主体结构,识得大体的后续动向,顾全大局的整体运作,再做出正确的决判,至少这样还可以使逆转的局势不再继续。

第十章

▊▊▊时间点移位

移位的时间把一切对的人和事物,以及与人与事的所有格局和关联,也附带了过去。

我们可能相遇的一切对的人和事物,都有一个相对应的时间点。一旦原有的人与事物本该对应的时间点,和已形成的人与事物现有的时间和位置,发生了微妙的变化和转移,它本身存在的价值和意义就会发生相应的变动和转化,甚至与之相关的一切事物也会随着时间的错位交织,发生着一系列的变化和转移。

在一切对的人和事物或者在一切错的人和事物的关联中,如果时间点是与之相对应的,那它整体的格局和模式也只会在一个正确的模式下正常运行着。如果人和事物的运行和转化,不能恰好地与它本该对应的时间点和位置相对应,那人与事物间的运行模式会在一个错的时间,把一切对的事物发生错位的转换,或者是在一个对的时间,把一些错的事物错位到对的位置上。这与它本身该相对应的运作模式,是相冲突和对立的。

也就是说,在对的时间遇到了错的人和事物,那所能建立起来的空间和时间的关联,和本该相对应的位置是不相匹配的;或者在错的时间遇到了对的人和事物,这些相对应的时间关联,一旦发生了错误的转移,那对的立场注定只能换来错位的转换。无论是哪一种可能有的情况发生,结果都只会在不相对的时间点,错过了一些对的人和事物。或许,大多数的人也遇到过类似的情形和有过类似的体会。

移位的时间可以扭转一部分对的人或事物的角度和立场,它可能到错的位置上,改变一些本身该保留的角度和立场;也可能把一些错的事物移到对的位置上,改变我们本身所搭建起来的与人与事的方位和立场,甚至向与其相反的方向转换,这种反向的对立与事物本身的出发点和原有的目标及立场,永远都无法顺行在同一条线上。

错误的时间只会把一些对的人或事物的所有关联,都带到一个错误的立场点上,形成另一种模式的运转,这种新的模式几乎无法归位到本身对的时间点和立场上。如果这种移位和转化不过于走向偏颇的方向,完全可以在另一种模式下,形成和发展它独有的优势,定义一个全新的场,将已有的人和事物处在一个稳定的位置上。这样,现阶段与它相对应的时间关联,和已形成的位置转换,有可能重新搭建起另一种与人或事物的关联,并与其形成的整体所吻合。

生存法则绕指柔

绕开某些人性本身需求的论点,将与事物本身关联的虚化系数转化为正向定数,以另外一种模式存在,以自然道调和谐韵,亦自通天然。

任何人或事物在与外在的某些人和事物的关联或交替中,都会有其汇通之处,也会有不可触发的命门和死穴。我们需要找到一定的发展规律,顺应着一条兼容的线条去摸索,等到出现一个可以相容的点,便能更好地连接事物,向着一个平顺的方向延伸。相反地,在驱动任何事物发展和延伸的线条和脉络中,也会存在着某种相斥的不可融合的点,一旦触碰到那根命弦,便有可能掐断了某些事物间的串接,或者堵死了畅行的整条线路。

有时候,一些事物所形成的僵化面就如同一条扯到底的松紧带,越绷越紧,已释放完了柔韧的弹性,如果再施力过猛,这些线条就可能会彻底地崩裂。所以,我们要在局面走势逐步偏向僵化面的过程中,就要有所警惕,要及时刹车或者缓步绕行,切不可再过度施压。否则,结果会适得其反,如同火上浇油,最终一发不可收拾。

这时,如果我们能够巧妙地规避和绕开人性本身所过分强化的需求面,能及时地调换成另一种模式,引向另一条线条可延伸的方向,以另外的一种方式开辟一条新的路径,与僵化的事物重新搭建一种关联,展开事物本身的另一个视角,来减轻事物本身的负重,把一些已堵死的路重新分化,对事物本身所关联的一切虚数进行逐一调解,转化为有效的正向定数,再重新定论的话,该是最为有效。

我们尝试把一些事物中可以顺通的环节和一些卡死短路的点,自然归类,总结分化,从中查找导致事物本身发生逆转的主要原因,总结一些事物可以行通的方式和特点,反思和查找一些事物发展会断截的根本所在,以优势去补足缺陷,把与事物相关的每一个过不去的结逐个分化,那么,顺通事物就如同水到渠成。

相对地,由我们重新组编的所连接事物的方式,它们与事物交叉的串接点和所运行路线的交融,将会保持在一种有规律顺行的流通模式上,形成另外一种有效的运行规律。如此,也就自然而然地绕开了一些阻碍,反而可以有序地顺通一些事物间相关连接渠道的运行,自是为有道自然通。

结论中得出结论

很多事情的结论是从开始就可以产生的。有时候,预想测定好了结论;有时候,形势导致了结论;有时候,结论在结论中产生。很多事情不要太早定论,因为我们即使看到了可靠的趋势线,中间都有可能反转。

有些事物从一开始出现时,我们只要重点观察它整体的结构,大致就可以推测出它的发展走向和以后可能得到的某种结果。

有时候,它是以我们本身的设想和计划一步一步去完成和实现的。那些我们正在参与或者想要介入的事物,其实可能早已定格在事物本身所设定的框架中,我们所行路线的拓展和延伸,只会围绕着事物本来已有的结构路线,去完成事物的搭建。即便我们想要更深入地跨越和突破,也只能是限定在事物原本设定的圈限之内。它的每一次进展和走向,基本都是在原本的预想和计划中进行。就算有哪一方面的调整与变动,也很难跳出事物整体的框架和结构。

有时候,它是以事物发展的趋势带动走向的。有些事物在形成产物链时,它的主方向就可以带动整个链条向任何一种向好的形式延伸,或者事物本身已形成的走势已驱动了主方向的运行。当这种结构链已足够稳定时,它们之间可能会出现的转换或者浮动,并不冲突于事物本身的走势及方位的扭转。因为它的发展趋势可以创造多种有益形式,已经决定了整体的走势和主方位的确立。

有时候,一些本身早已经产生了结论的事物,还有可能在结论中再产生出新的结论。它是某种不确定性的存在,从而导向其他结论的产生。那些已成定局的事物,从外在看似滴水不漏,但是任何事物的原理和结论都是由人们的智慧一步步演化而来的。实际上,事物的内在必然也包含了多种可能出现的不完善,它的任何纰漏及不确定性的存在,完全有可能产生出其他多种形式和方向的转变,自然就有可能在定局以外,生化出另一种新的结论。

所以,事物的演变及可能产生的任何结论,都是以多重形式和多个方向拓展和延续的,它所能产生的任何一种结论,都不是唯一的定向。

即使你已清晰地判断和掌控了局势,它都有可能因为出现诸多不确定因素,而转向另一条路线。很多事物的走势都是有起有伏,如同一条曲线一样起伏不定,或者出现了分叉线后,让人分不清事物本身的真实模样。

其实,任何事物的延伸和最后会形成的结论,都有一条主向轴线,但发展过程中曲折和波动的线条也有可能转变为事物的主向轴线。

为自己发声

人们在觉知很多事物的同时,需要从中创建和丰富自己的内容,更需要提炼和形成自己的声音。

我们在觉知事物当中,或许可以发现和总结出事物当中的一些经验和规律,但是也要学会有效地运用和发挥所学到和掌握的东西,和我们自身已具备的东西融合为一体,从而发挥出更多的价值并得到更透彻的理解。

或者,也可以用一种全新的视角,组合和构架出一种自我的学识空间,搭建一种全新的极具自我的风格和独特个性的新的学识内容体系,不断丰富和扩充它的有效增长空间,从而发出我们自己的声音。

我们在不断扩充知识的每一个时期里,逐步完善和丰富自我的同时,必然也需要在其他的事物或者经历中,探寻到一些值得我们用脑去思考的问题,学习到一些值得我们用心去记录的东西,保留和收藏一些值得我们挖掘的重点要素。这种高要求、高效率地自我提炼和过滤,是一种极为有效也有趣的知识储积和过渡。

在这个自我和多方探索的过程中,不管是探寻所需的知识,寻求事物的规律,还是追求思想和修为的提升,抑或是从自身或他人的经历中获得经验和教训,都需要在一系列的收集和过滤后,有所归纳和总结。

我们充实自我有诸多途径,最重要的是可以从这些自存和外存的事物中,汲取和储存一些培植智慧和增长见解的有效能量,健全丰富自我的学识体系,激发和释放自我的潜质和能力。

我们再用自我知识体系的有效价值,去连接和创造更多的价值。一个完整的自我学识体系能运用贯穿于诸多方面,发挥和创造有效的价值,在逐步地强大起来后,还能独步驰骋于各种需求空间。

更多有效价值的共鸣也是最大化的效益扩充。我们在由小及大多边效益的创造过程中,同时也更加肯定了自身的内容,形成了自己的风格,发出了自己的有效声音。

也许,在探求和实现自我人生价值的道路上,先天所赋予我们的秉能可以占据极为有利的局面,但后天的自我塑造和培植更能让我们达至追逐人生巅峰的高点。唯有两者的对应互补和完美结合,才可能使一个人的潜力和智能开发和完善到近乎无懈可击。

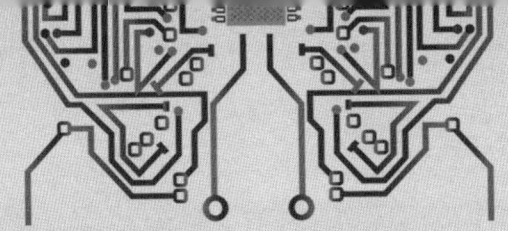

SI WEI YU DU

论道篇

第一章

文字里的趣味

　　喜欢在文字里玩耍。总喜欢在文字里较真,在文字里狰狞,在文字里适应跌宕起伏的各种挑战。文字里的趣味,让人浅出深入,在妙趣横生中时刻不觉无聊。

　　总是欣赏那种别具一格的创作文体和写作手法。好的写作风格独具魅力,有着极大的诱惑力,人们一入眼便能被深深吸引,思维也快速进入深层次的思考维度,精神层面随着阅读的快感得到意外的享受和文学性的升华。

　　文字里的趣味,能调动读者们的兴趣和情绪。在一种好的文体创作里,每读到酸甜苦辣的各种滋味,能让人们仿佛也身临其境,感觉读者自己就是一个实实在在的参与者、同创作者思想与共的同行者。人们会随着故事的情节波动和作品文采的抒发而感同身受,会随着笔者的创作情境、思想逐步转化的高潮低谷而一起跌宕起伏，会随着笔者不断巧妙变化的描述转换而喜怒哀乐。

　　文字里的趣味，会让人们展开无限的遐想，当我们很认真、很投入地读一本著作或者一篇很有穿透力的文章时，我们的思维和想象就会不由自主地深陷其中，幻化出各种场景和画面，回旋沉浸在其中的活动空间也无限大，从而激发一个人丰富无穷的想象力，调动非要一探究竟的好奇心。当我们从中获取到一些信息量，或者能突破我们本身思维层面的时候，我们会认为自己挖掘到了一个巨大的宝藏，这种喜悦和享受远比中了百万大奖更让人振奋不已。

　　文字里的趣味，对于它的深入就如同攀岩或者爬楼梯一样，会随着思想的步履一层层地递进升华。起初，在阅读的方式和选择上，我们多半会注重形式、一些外在面的枝节，如词的运用，对于句子的排列是否过于平实或华丽等；后来，我们会看中它的整体构架，如文章要突出的重点内容和中心思想是如何渗透当中的；接着，才会延伸到创作思维的共鸣点和深层面思考的共通性上；最后，会把所有的参见点在大脑里过滤、剔除、整顿，然后将我们所接收到的信息量糅合为一体。其实，在后面还会有更加思辨的张力和奇妙的文域魅力，等待着我们去探寻，去发现。

　　文字里的趣味，就是将我们所要阐述的事物、人物和感想，以及各种情境画面和思想活动，赋予一种活的生命和气息，在能够鲜活地调动阅读者的认知和情绪的同时，也能够将人们引入更深层次的探寻和思考。而这种乐趣和享受一直都生长和活跃在文字的里面和创作思维的共鸣处。对我而言,在其他方面是难以找得到与之相媲美的另一种更大乐趣的。

探寻文中之灵

对于一些驳论、评判性的文章,我倒甚是喜欢阅读,而对于其中的奥妙也仅略沾皮毛,获知甚少。有听过这样的一段辩论:

甲:"评论性的文章,如果找不出几个侧重点,没有尖锐、锋利的论断能引发争议,就等于没有论点,没有活气,即文章无'灵'所在。"乙:"非也,非也,它也可以以平和、温婉的姿势展开论述,既没有攻击性,又易被读者接受,既没有爆炸性的争议,又能与读者和谐共融。淡然、恬静、哲理、辩证,可谓均称适度,不正是'灵'之所在吗?"

其实,每个人都有他自己的阅读方法和习惯,于我而言,每能阅读到一篇好文,兴趣总会越加浓厚,看一遍总觉得不过瘾,所以每篇至少阅读三到五遍。因为人在最初接触某种事物的时候,印象总会清晰,体味也会别样,也容易抓住特性,第二次的探索反而印象和思路会模糊,准确的辨别力会降低,而最后能获得清晰的时刻,应该是我们的魂和文章的灵能彻底相融的时候,才是真正意义上的读懂。

所以仅能沾到皮毛,也是一笔很丰富的收获了。我们观察创作者的灵感,看看是否都是源于身边的事物,还是无意中取自于一些冲突事件。我们观赏和品读某种读物或剧作,有赞赏也有批判。生活中的感悟和总结，一旦短时间内迸发了创作火花，就能一次性定稿，资质深厚的笔者则提笔成文……

当一种文字逻辑以迷离、模糊、难以捉摸，又近乎有一定的潜意识思维规则的形式出现时，它总会充满无限的诱惑。这也正是美文对于我的诱惑。那样的创作手法、着笔既不像散文中侧重某个局部性的煽情叙述，又不像小说中神情、动作、形态、环境等声情并茂的全方位描述，而是在某种逻辑状态中有思维推理论证。不侧重偏倚、不故弄玄虚，而是以一种很自然大气的格度，占据了阅读者的思维。

说不上是因为我们看懂了，还是文章本身就具有超常态的引力，不由得让我们去探索，让我们去追逐和寻求，让我们在似懂非懂中去游离，去想象，去剖解，在明白与不明白间充满诱惑。在一个小我的逻辑世界里展开无限的遐想，而这种空间更是无限宽广，却又浑然于一体。看得见，但摸不着；看懂了，却也不明白。

或许，这就是一种通灵的"变性"，永远都是一个"迷"，也正是一篇好文的"灵"之所在吧……

而我们似乎也一直在这个过程中尝试着去寻找，寻找一种合适我们自己的风格，以不同风格的文风去试笔，尝试着写散文、写小说、探索古文，试写一小段片面的评论，偶尔试写几行诗歌。以不同的方式尝试着去建立和形成一种属于我们自己特定的风格，再向着这种特有的风格和方向继续延伸。或许我们还应该继续去尝试、去寻找、去阅读和探索，直到可以完全构架出属于自我的文，文的"灵"……

时代迁渡，文化将会何去何从

不知道什么时候起，一些文学中圣洁的词汇，越来越被扭曲歪解化了，即便是经典的四大名著、世界名著也难例外。在当下时代迁渡的转化中，我们一直所延续和信奉的文化纽链，将会何去何从呢？

我们的文化究竟怎么了？我们的环境究竟怎么了？

在网络上，几乎随处可见那些杜撰丑化名著和调侃的小段子，提到这些不免让人万分沉痛……

我们到底为什么这么轻易地纵容了这种负面元素的泛滥和横行，允许这种现象和形势流通呢？让汉语言文学的原型在网络飞速渲染的传播中渐行渐远，以至于疏离和丢掉了传统文化所代表文明的真实性和历史性，以及它的深远意义和原始的崇高性。谁能站出来保护好我们伟大且传统的国有文化呢？在这些不曾在意的问题上，或许因为一些传递者的大意，语言尺度无准则，行为规范不得当，不知不觉中，我们都错了，都纵容了……

就拿《红楼梦》来说。曹雪芹先生的这部旷世佳作，一部历经百年沧桑的巨著，它的诞生和流传之路必定是百经坎坷的。在当时的封建时代，被定义为反书，多次被迫断稿查封，几经波折而后才得平反，得以世纪传颂并流传至今，在我国乃至世界文学史上享誉盛名，开创并发扬着显著的文学贡献和辉煌价值，铸就了历史文学开创的先河，成为经典之作。

然而，曹雪芹先生耗尽了毕生的心血，却没有机会也没来得及为他的伟大创作画上一个完整的句号，也不过只写到八十回就搁浅于世。后起之秀高鹗虽与《红楼梦》缘分契投，笔风着力巧妙，风格极其相似吻合，续写了以后的四十回，也只能做到外在的形似，难以疏通内在的思维隐匿。据后来专家学者们的深入研究和探讨推敲，高鹗所续写的《红楼梦》结局终究是违背了曹雪芹先生的创作初衷和本意的。后再有刘心武等人的续改，也是令现代文学界哗然一片。

显然，某个时代沉淀出的某一种卓越开创，必定代表着某个时代的特性，也是一种专属于某个开创者的特性。于经典而言，我们更需要以一种尊重敬畏的情怀对待。

然而，那么多形容崇高、圣洁、博爱、奉献的汉语词汇，如今我们引用起来还要特别小心翼翼，否则就会遭来劈头盖脸的质疑。因为太多词汇的原型早已被破坏，都被默认和定义为一些莫名其妙的隐喻。

举个最惯常的事例：每逢佳节，我们都会向亲朋好友送出一些问候和祝福，一句暖心的话语总会让对方感到欣慰，拉近平时疏于联络的距离。在以前，大家都会认为这是一种再正常不过的交流和沟通方式，而如今，即便是简单的问候中，一些表示关心的温馨语句和词汇都需要小心地规避掉。不是我们太大惊小怪了，而是整个时代都变得敏感了。一些网络中的虚拟现象已严重波及了现实中的真实，造成各种关系纽带的错位。如果我们再不去及时地发现和纠正，照此以往，怎能不叫人担忧呢？

可以说，汉语文在千百年来教导一代又一代中华儿女，让我们从懵懂无知逐渐转变为思想饱满。更荣耀的是，它早已被世界各国当作一种伟大的学问去反复研究，这让我们引以为豪。在此，还是特别希望更多人能够加倍注重和保护好我们自己的文化，让我们的汉语文学和语文词汇早日消除那些不良隐喻的怪象，回归属于它原始的本真和经典的原型。

反思文化脊梁今何在

一种文化可以代表着一个国域的文明信仰，可以孕育着一个民族的精神滋长，可以在人的思想和灵魂深处种上文思的火种，可以让每一个时代传接文化的长廊，历久而弥新，渊远而流长。

中华上下五千年，传承至今的古学文化和文明思想，拥有着深厚且博大的文化底蕴，饱经世代历史长河的洗礼和延绵，足以证实了它博大精深的文化魅力所在。历史文化之所以被人们论为经典，正是因为它足以经得起时代的推敲和打磨而长久地立足于世，长存于人类思想和精神的根源。

我们崇尚某种文化信仰，尊崇某种道德思想和思维理念，便是信奉着一个时代、一个民族、一个国家的文化信仰。而这些民族专属的传统文化和思想精髓，绝对是外界不可原版复制和超越的精神食粮。它有着深入骨髓和血脉的文魂，它挺得起道德和文明的脊梁，它是架起一个国家和一个民族的精神桥梁。

好比说，一个国家可以获得某种突出的科研成果，而另一个国家只需要借鉴该项技术,再进一步改进和研发,便可能会诞生出另一种全新的发明和创造。一国对另一国所产生的隐患和威胁,则是时时刻刻都要有被效仿的警觉性,分分钟都会有被超越的可能性。因为一些外化的产物和技术是可以测定的,所以也是很容易被模仿和超越的,更是容易被更新替代直至遗忘的。

但是,唯独那些世世代代流传下来的远古思想,和那些象征着一个民族可以屹立在每一个革新进化的历史阶段中的那些传统文化经典,它凝聚着中国人的勤劳智慧和思想精髓,也饱含了人类人文思想、文蕴情怀的进化和繁衍,传续着缕缕文丝的脉络,深入人们思想的源头,它是涌入骨髓和血脉的文化精粹。

而这些源于民族的文明信仰和优良文化的延续和传接,就像是一种民族的魂魄,是一种思想文化的精髓传递。它是实实在在属于我们自己的东西,是长在思想里的火花,印在脑海里的智慧,生在肚子里的文墨,记录在生活中的学识。所以,一种思想文化的前瞻和传续,才是真正该被发扬和传承于时代潮流大河中而永久不衰的宝贵财富。

然而,现如今一些优良的传统文化和高品质的人文思想,在人们的印象中,似乎也在不知不觉中悄然地发生着转化。相信在任何一个国度,文化发展停滞不前,就是这个国家、这个时代中文明导向的一种鲜明退步。因此,我们要尊崇经典文化,不能有所亵渎。就如同《红楼梦》不只是谈情说爱,其实也有家国梦,《西游记》不只是捉妖怪,其实也有修行之道;《水浒传》不只是在打群架,其实也是对封建制度的反抗;《三国演义》不只是在争地盘,其实也是智慧的厮杀。它们的精髓永远都会藏含在深邃的思想和文墨里，只要被正向地传颂，经典永远都会是经典。

守住文化尊严

无论时代如何更迭，都不能允许文化产业的坠落，这需要所有文化爱好者共同捍卫。

一个时代的变革和不断进步，势必会造成一些产物的兴盛或者一些产物的脱链。有新生代滋生物质的产生，就必然会有陈旧派物质的削弱，这是一个难以避免的时代更迭所导致的产物过渡的负能效应。但是，无论时代的节点扭转到什么样的位置上，产生了多大幅度的变化，我们也不能纵容或者允许一个时代的文化产业走向衰败或者到了脱链的地步。

一个时代的文化产业，象征和代表着这个时代的文明发展和进化，那么，它是以什么样的步伐前行的？它是否是我们看待一个时代的发展程度的标志？首先，要看这个时代的文化产物及一系列相关的文络命脉，在所处时代的社会潮流中立于什么样的位置和立场上。因为文化产业的发展进度和前景，必然会牵系着一个文明时代发展的跨度，昭示着这个时代是否能真正走向繁荣。

其次，在一个时代转化的过渡和延绵中，各种文化资源和文化产业的兴衰，预示着这个时代发展的格局和气候是否能走得久远。它是推动社会和时代发展，以及人类共同进步的一个钢铁般的识别标杆。文化产业的真正兴盛，可以撬动起和关联到一切产物链、一切行业链更加有序有效地进行。它的发展越是兴旺,时代的跟进也就越快;它的覆盖面越是广泛,时代发展的延续就越远;文化延续越是被文明推动,全社会、全人类共同的未来愿景,以及期望值和可兑现值就越是高涨。

最后,在任何一个时代里,文化产业走势的高低起伏,几乎可以牵动着各行各业的发展。与此同时,文化的脉动也掌控了一代或者几代文化追寻者的气息和命脉。因此,延续和发展好文化产业与时代进步的共同繁荣,需要我们所有文化爱好者的共同坚守和捍卫。

我们执着和爱好于某一种行业,势必会把自身的命脉与它的兴衰紧密相牵。我们崇尚和追求某一种文化,追逐它在每一个阶段里跳动的脉搏,自然会在意它的任何一种可能的发展走向。因为我们的思想、我们的追逐、我们的成长,都和它发展的根源和走势相系相牵,所以我们既然尊崇它为一种人生的信仰,就必然会为之努力延续。

如果我们可以尊重和守护好一个时代文化产业的流通和繁衍,那就是守护好了一个民族、一个时代的文明和信仰,更是捍卫和维护好了那个时代与未来的文化尊严。它在历史长河中所留下的光辉足迹,就是它通向人类未来、时代未来的标志和方向。

第二章

潮流产物

在一个时代的某个时期里,任何卓绝的人物或者吸引人的事物的出现,所代表的只是所在的那个时期里的一种象征符号和标志,或者说是那个时代阶段里的一种潮流产物。

无可厚非,在每一个时代阶段进化的过程中,都会有一些重量级的人物或者事物的出现和存在,在整个时代的不断向前推移中,延续和推动着这个时期的发展进程。他(它)可能是引领某个行业或者某个领域走向巅峰的领头军,可能是在某一段时期里,塑造出的各行各业里具有象征性的代表或典范。他们的确立和形成,标志着这个时代里的造物开创和产物革新的能源产量的兴衰。

每一种具有标志性的能源产物的诞生,都势必会带动起一个行业的蓬勃兴起,从而解决一部分人群的生活、就业问题。在这些能源产物链条的势头驱动中,每一种不同等级的时代产物,都会造就一部分不同等级的产物价值。尤其是那些极具标志性的时代能源产物,它的繁衍会衔接和引申出多种产物的生长变化,它们之间的模式是以阶级划分的形式存在,务必将牵动着所在行业及人群的涌动和流通链的运行。那些处于不同阶段的主体产物链条,它们构架起了处于不同行业的运行链,在整个社会的动能运作中发挥着不可或缺的主导作用。

每一种不同阶段的时代产物,都会顺应着它的发展趋向范围,有针对性、有导向性地相继相互作用着这个阶段里的一部分产物链在不同程度上同步运行。

同样,每一种具有代表性的人物的出现或者涌动,势必也会影响这个时代里某一代人或者几代人在思想上的撼动和意识革新。因为每一位正面人物对于所处的时代,对于整个社会,或者对于一部分人群的积极影响和正向激励作用,丝毫不逊色于一门良好的引导教育课。有时候,他们对于人类思想及行动的广泛覆盖和引导推动所产生的实际效益,已远远超过了我们的想象。

在一个时代进化的演变中,无论是一种伟大事物的创造,还是一个卓绝人物形象的塑造,都是对社会良好运营的一股极有力、极重大的推动力量。他们的现行范例有效地形成了一种引领时代进发的参照物,和对于一部分行业或者人群的精神指引,这势必会牵动着这个时代的潮流动向。

归根结底,作为某个时代的潮流产物,其动向和行进的步伐都标志着在这个伟大的时代里最为精尖的某种主要创造力量。

毋庸置疑,在这个时代阶段里所涌动和流通的那些时代潮流的突出存在者,必将会占据着不可磨灭的主导位置。

时代病灶

在虚拟的网络中,一些子虚乌有的事物被炫得神乎其神,而真实动人的人性本真却失去了原有的味道。这只是短时期内的一种时代性的病灶,由实业逐步转向互联网产业,这是一个时代的变迁,在这个过程中必然会产生多重的弊病,需要时间去溶解和消化。

或许,我们常常会看到网络上的一些未经事实调查和核实的帖子被传得沸沸扬扬,会把一些不靠谱的事情无尺度地夸大,来夺取网民的视线和注意力,有的事件都无法查找出处,却得到超出相应额度外的流量和效益反馈。有的人甚至会把一些人性本真的情感和一些动人的故事严重地扭曲、歪化,甚至凭空添加一些不切实际的虚张细节,以至于丢掉了最动人、最纯真的人性本真。这让我对现有的生存环境、人性的考量和思想观念、道德观念的建设考量与恒定,产生了深度的良心拷问和质疑。

这不外乎是一个时代转折的过渡时期,必将会存留下时代的足迹和烙印。这些极其容易在一个时段极大限度地膨胀,或者又会在某一个时段快速陨落的传播体的信息产物,它们的收放终将只是短时期内的产物能源的过渡和损耗。尽管它们对于我们的生活和成长环境将会带来不少的负面冲击及影响,但是也都会随着时间的跨度和资源的整合，慢慢地被打磨。

整个社会本来的实体结构逐步转向互联网产业的虚体结构，再过渡转化为互联网的实像产业结构。在这个大幅度变迁的进化中，必然会产生多重弊病和多渠道、多方位的复合关联，以及时代性的局限。在这个过渡转折的过程中，所产生的负面信息和负能量，都需要我们长时期地适应和接受，并缓慢消化。

从整体上来说，这在整个时代的变迁中，它也只能归结为一种短时期内的时代病灶。实体产物与互联网产物之间的变换与交融，存在着细枝末节的贯穿和深度融合的迁移，中间必然需要一定的过渡时期，以及相互适应和结合的过程。就好比我们从一个领域的工作岗位转向另一个领域的工作岗位，这中间夹杂的一整套的工作机制都需要一步步地转变，直到完全适应并融合到一个全新的机制当中。

它不仅存在着行业产物与产物之间的过渡和架接，更是人们思想、行为上的一次深度变革，新的时代过渡承载着旧的历史足印，新的深层变革也必然要带动旧的时代产物重新进入一个新的跨越阶段，将一些旧的思维观念和历史产物转向新的思想观念和新的产物，进行二次重大革新和整合。这就相当于把一条陈旧的轨道架设到另一种全新的轨道中来，直至成为一体。这是一种革命性的整合，必然需要一个漫长的过程，去一步步实现和消化。

互联网时代别晕车

做一个大胆的预测：未来几年，一部分人群会被网络误惑，甚至成瘾，以至于会破损正常的人际关系链条和社会生活的有序运作，但是还有一部分人群会有这种思想和精神层面的防护意识和认知，会客观有效地运用互联网这个平台。

随着时代的日益更替，互联网已成为现代人生活中必不可少的操作和运用平台。然而，在无限广阔的网络空间中，部分人群很容易被一些负面的传播信息所误导，其思想防线和行为规范的准则及操守底线被攻破和拉低，甚至思想深陷网络误区的漩涡之中，摧毁了本身的自我意识防线、群体关联中的意识防线，在无形中破坏了人与人之间、人与集体之间、人与社会之间正常的关系链，以及一些集体和公共秩序的运行模式。

当然，还有一部分人群还是会很理性地、有原则性地运用好公共网络这个平台，在思想和行为上维护好自我的那道意识防线，避免受到负面能量的误惑，把它当作是一种学习的空间、一种宣传的途径，及思维开创和工作的百科全书，有准则、高效率地来进行理性的识别和运用。

其实，我们想要避免走入这个误区，或者想要从这个网络误惑的困扰之中解脱出来，也有很多方法可以借鉴、遵循：

一、规划制作日常生活表。把黄金时间运用到工作、学习和处理重要的事情上，或者是先列出一天当中需要完成的几件事情,择重者先为,后面依次排序。其余闲暇的空间,可以插入个人喜好的志趣和参与小范围的活动。比如:看书、听音乐、浏览新闻、看电影,将业余空间量化,限时安排,降低与网络的密接度。

二、培育自我约束力。即便在假日期间,也不主动去触碰任何形式的网络载体游戏,不参与任何不以正规模式呈现的网聊。行动方便者,尽量选择户外出行,与任何形式的网络传输暂时隔开距离,留存慎独空间,丰富休闲活动。做好自我约束和实施任何好的行为,不被任何坏的行为带动。

三、有选择性地运用网络平台,只关注日常需要和必要学习的知识运用内容,不涉猎过多的五花八门的新载体运用。选择使用最适合我们自身操作和需要的软件应用,把运用网络平台搜集资料和网罗知识、购买生活必备品的占用时间限定在 1—2 小时,不做网虫一族,不把大把的时间消耗在没有实际用处的事物上。

总之,以正确的思想理念和道德行为规范,来约束自我和向周边传导我们的正知正念,选择性地有效地运用网络平台,小心规避掉一些负面载体侵入思想空间,创造学习和操作的高效的投放点和归宿点,避免变成负面网络空间的拥护者,要做正确网络运用的实干者。

幻梦不是生活

莫要把别人的生活在想象中附加于我们自己的生活之上,那样我们会活得很辛苦,而别人可能并不知情。当一件事情在单方面凭空的幻想中被认定为成立,而与实际的情形偏离太过遥远时,说明此时的思想状态需要有适度的调整了。

在现实生活中,我们常常会有意或无意参与到别人的生活中,或者被别人有意或无意参与到我们的生活中,但是,我们更需要倾向于那些能贴近我们生活本身的人或事物,而不该过多地把时间放在已抽离了我们本身生活的事物或虚幻关系中。因为一种是我们处于实像中的真实关联,一种是我们植入虚像中的虚幻关联。任辗转反侧,虚实自分伯仲。

有些时候,我们可能只是单方面地在幻觉中感受到一些事物中的关联和存在,而在实际的事物操控和进展中,相互间并没有过真实的触碰。更准确地说,我们只是相对接近于这些事物的观察者、领悟者,或者是对于某一些新鲜事物的探索者、好奇者,却很难由此就确认为是直接的参与者或者实际的操作者。

如果我们把一些和实质生活不相接的事物,在幻觉中构架出虚拟的连接点,就轻易地把自身投放其中,并不加自觉地渗入过多的精力和感情成分,那样便会把我们原有的平静生活搅得一团混乱,而且也破坏了它原有的平衡,人力和精力都会跟着受损受累。这就相当于在我们原有的生活结构上又附加了一种虚幻的生活构架模式,双重的结构负荷就需要我们对以双重的对接和回应,可想而知,这对我们本身的思想和生活及一些真实存在的关联,必然会产生一种双重的消耗。

久而久之,我们整个人的饱和状态便会在这些虚幻的负面磁场的磨损和吸附中消耗掉,原本生活的完整结构被打乱。而这些参与到我们真实生活之中的虚幻之物,磁场量流动本身根本没有多少变化,甚至其现有的构架和那些我们在不知不觉中所构架和产生的关联点,是从来不受我们思想和行为,以及真实存在的事物制约和限定的。

这时候,我们需要尽快地整理好本身的思维构架,尽快地抽身出来,以最理性的思考辨别事物的真伪,及时调整和防治它对于我们本身生活所造成的多面影响及负面损害,用最短的时间修复自身的创伤,恢复良好的状态,尽快地回归和投入到我们生活本真的状态。

一旦我们可以意识到和分辨出这两者的关联时,我们就会很自觉地将思想和行为的跨度拉回原有的真实状态中,就会很清晰地领悟到那些更接近于我们生活本身的真实。

存有一份敬畏的情怀

行走在心灵驿站的通道,对真正尊重和敬畏的人和事,应该留有一点念想,只为发扬和传承那些留芳于世的高尚。

我们总是在人生路上的不同阶段收录一些值得怀念和值得记忆的贤人逸事,他们带动和影响我们潜在的思想建塑,存留下一些有价值和尤为深远的人生意义,这些永远都是我们储积内存能量的宝贵财富,也是一种优良品质和恒久收获。

当我们与人与事接触时,每触动思想升华的那一瞬,往往也是我们对于人生的认知改观最为鲜明的那一瞬。也就是说,任何一个人都不可能在完全没有接受过任何人物或者事物的影响下,就可以达到思想和行为上的自动进阶和升华,而是需要在不同的阶段里,受到一些特定人物或者事物的带动和影响,才能逐步健全、延续一个新的我。无论我们所行的道路最后可能会延伸到哪一个方向,都少不了那些出现在不同时期、不同阶段里的源自于起点的支撑和铺垫。

在我们奔向人生目标的每一段行路中,每一次跨越自我的极限与挑战,都会将那些带动我们源起的起点悄然聚合,会一直牵动着这条通道的纽链,去完善一个更加强大的自我和人生。那些流通在记忆中不同成长阶段的人和事,应该得到我们极大的尊重和重视。他们所传递给我们的正面力量和人格里的一面向善的意念,也许直接影响了我们对待任何事物的善起和善结,也将会牵动着后来我们对于人生的方向定位和路线的选择。

踏上人生的行途，或许，我们会记住那些不同时期里不同驿站的通口处，可能仍会保留下某一时段中的一些朦胧的印记，真正值得我们用心记录和留下念想的东西，也许只有那么寥寥几处。但是，我们所尊崇的信仰，所追逐的向往，所行所向的每一种路径，都将指向一些人生的真理：种下了善根，才会行向善缘；传递了正念，才会品味正果。那些深藏于我们灵魂深处的一簇簇正义的火种，才是永远值得我们去发扬和传承于世的。

所以，无论我们所在的当下，所向的事物处于什么样的立场、位置，想要抵达什么样的终点，我们都应存有一份敬畏的情怀。这与我们的价值观体系的建设紧密相关，心存敬畏，才能在人生的通道上踏实前行。

先文明后阔步

近年内，有一种提法叫"跨界打劫，弯道超车"。这个跨时代的新概念，我一直都不认为是能衡定全社会发展的有利基石的起点。相反，这恰恰在无形中，撞击到了整个社会进程的平衡结构，在根本上无法实现真正意义上的行业发展的文明进步。但是，坚信终有一天，全人类会实现真正的大格局、大发展。

想要维持一个平衡的社会发展体系，就需要有秩序地搭建和维护各种渠道的结构框架，并可以保持有效运行，各种社会生产线该投放在什么位置就发挥什么样的效应。至于"跨界打劫"，在我看来，并不是有力推动社会发展进程的最好方式。

就拿实体经济体系来说，近些年算得上是备受冲击，整体运行线条大幅度下滑、缩水，大部分实体产业深陷困局当中，盈利率直线下滑，如超市、酒店、餐饮等多数实体行业，面临裁员、缩资等状况。除教育、医院等行业还算基本可维持稳定以外，并且在未来几年也应该不会有太大的变动和革新，剩余多数实体产业怕是很难例外。实体产业市场的发展模式均是不温不火，到最后地大人稀，实体产业直面转型和软瘫痪的困局，一旦脱轨，很难再掀起二次暖流回潮。

再看互联网经济体系，互联网提倡万众创业、大众创新，这的确是一种新潮的概念，创新也的确会为整个经济体系拓伸全新的发展空间和经济效益。但是，也同时存在些许的弊端，可能会造成一些相对混乱的局面，创新率偏高，可持续性偏低，在同一种行业内势必会产生并过渡到一个过分拥挤的阶段性现象。如果上升到互联网经济通道堵塞的情形，其直接导致的后果是经济体制面被瓜分，最后谁都赚不到钱。这就好比你本来做服装生意，他本来做电器生意，突然有一个人搞创新，将两种资源综合来做，表面上看是在扩展空间，实际与此同时也压缩了市场，回报率必定也会被分割。

所以，有些想法的确新颖且富有创意，也适应短期发展的锁定目标，暴利及发展速度快极易带动社会群体的参与积极性，也会发挥到阶段性的实际效用，但就长久规划来衡定，从根本上难以推动行业实现真正意义上的进步。在未来全人类发展的大格局运行线上,传统意义上的秩序调度不可混乱,才可以长久平衡社会发展。

否则,你涉入了他的行业,他占领了你的领域,这种淡化社会运转秩序的平衡管理,最终的结论是行业的领域被瓜分,社会生产链和利益链被分割,导致社会行业结构严重失调。

只有共同维系好全社会大发展有序行进,未来的全人类才能实现真正意义上的文明进步,通向更广袤的天地。

第三章

悟道

不同阶段性的迷惘,不过是让人们在人生的道途中不断地省觉、参悟,以及一次又一次重新整理的过程。如此周而复始的反复,人生中寥寥数日,我们所能领悟到的东西却也是少之甚少。很喜欢电影《道士下山》片尾的一段经典台词,淋漓尽致地诠释了人生之所"悟"的真谛。

其实,我们每个人的一生中,都难免要经历和跨越几次不同的迷茫时期,然后从当中获取和参悟出一些生活的精髓和人生的真谛,将空无或者杂乱的生活琐碎和思想垃圾适度地修复和调整,跨越和清理思想当中所有堆积的障碍物,得以层层明晰和填补思想的漏洞或者人生的荒芜。这些曾经看似复杂和难熬的经历和过程,到明了,却让我们发现唯有经过思想的过滤,才会变得那么通透和明朗。

思维域度

原来我们的今天，总是在不断地重复着昨天的事情，又在期许的明天中，不断地复制今天的情形，这种转换和变化就像一把定准格律的转盘，会周而复始地在人生的圈道中反复循环。但是，在每一次穿越人生迷惘的边界后，都会实现思想上的重重转变和跨越，同时，又可以明确出新的目标和起点，直到再一次实现人生和思想的蜕变，再接着探寻又一个新的起点，延续又一次的重逢……

就算如此，人生不过也就短短数日，即便把所有的经历都串联相加在一起，我们所能圈点和觉悟到的人生精髓也就是寥寥几语。生活的行道如同一条幽长的胡同，我们每一次走到端点的时候，必须停下来，审视一遍已走过的路程，有过多少省觉和收获。然后，又接着重新开始整理下一段的路程。尽管周围的情形和参照物都会有不同阶段性的变化，各种不同层次面的事物也都在不同阶段的变革中晋升，但是人们所行过的一遍又一遍的路途和经历，却意外地有着神奇般的相似和重逢。

人生的道途和行程无非也就是今天与昨天的重复，明天与今天的重逢。正如电影《道士下山》中的一段经典台词，似乎诠释了人生的真谛："天地间，道大，人也大。人生本来就是上山、下山，入世、出世的反复轮回。而道心原本宽广，也容万物，装得下山河大地、万古星辰。"

"天地本宽阔，心中有道，道大，人本自大。人生的路途就是一半行走在上游，一半漂泊在下游，山上参道，山下经历。在得道的过程中一次次地整理和修行，在每一种与世的人生迷惘中经历,在每一次超脱的思想和修为中有所参悟和省觉,又在反反复复又一个轮回里重复了人生行道的过程。人世道,唯道心宽广,方可容得下道间万般不可容,载得动天地,容得下星辰。"这何尝不是一种"悟通"人生的崇高思想和境界呢!

生活就是一场博弈

生活本来就是一场伟大的博弈,若少了一些苦涩的酸楚和幽默的拧巴,即便是笑一笑,那都是相当的用力。

生活中的酸甜苦辣常常与我们以不同的姿势碰撞,考验和试探着人们的抵御能力和承受极限。同时,也在以各样的方式和视角考量着人们对于一些事物的审视和排查能力,是对于自我的一项极大挑战,也是人生历练中的一场持恒的较量和伟大的博弈。

多数的人或者事物都存在相应的对立面,就好比我们人生中的顺境和逆境,所顺应和连接的顺势和逆势,关联都是相辅相成的。我们在对待这些事物的顺行或者逆转的时候,需要权衡以一种怎样的应对方式和态度来掌控这场博弈的相对持恒……

是在疾苦中找得到趣味,在悲伤中调制出喜乐,在乏味中创造幽默,在对一些事物有所负担和承受的时候,能够及时地转化自我、调控自我呢,还是让情绪继续负重,不及时地扭转或者建立一个释放口或排泄口,在单线条的思想和行为限定中,更加情绪化地陷入自我崩溃呢?

在我们必须要去面对和迎接一些未知事物的挑战时,生活从来都是不加约定地充满了无限的魔性。也许，平地生闷雷，无风会起浪。也许，不加预兆地横生出一些无法承受的事情。可无论是处于哪一种非常过渡时期，我们都要学会化解那些拧巴的干涩，在酸涩里提炼出心态豁达的甘甜，化悲为喜，转危为安，能够适应和面对好任何一种突发状况。

遇到任何一条走不通的路，如果一味地去抗争，即便我们拥有再刚强的内心、再宽足的心域，也会有抵御防线崩裂的时候。我们要是等到那个时候再去发现和反悟，恐怕早已花非花，雾非雾。若想要重整旗鼓，再迈出新的第一步，这必然会是一件相当费时费力，还有可能功亏一篑的事情。

所以，我们在面对和处理一些事务时，不要一味地撕裂到崩塌的那一刻再去补救，这已然是徒劳无功的。无论是从我们内在的心理状态的调试，还是从本质事物的外围形成和转化来衡量，都要审时度势，及时扭转，还需要在我们自我能力可调度和掌控之时牢牢把握，尽可能地做到事在人中。如此，喜乐大于忧患。

一些事物向我们施加力量和有所制约时，我们需要有一种可调和自我的心态，持恒好与事物间的关联，把持好一个自我平衡的度。纵使一些事物可能会产生一些负能，但负能只是会环绕在事物与事物间的重重关联之中，而我们本身的情形和状态可以不过多地倾斜于事物之中，我们甚至可以允许一些事物正向或者反向在我们中间流动，但不可肆意地纵容被事物的负能所缠绕。任何时候，对人对事都应练就一种可持恒的度，这是我们考量自我思想价值和行为能力的一场博弈，也是我们在参与事物的过程当中,可以保持自我态度和价值观的一场博弈。

识人看什么最重要

人要渴望纵横蓝天,也要向往遨游大海,更要铭记生命的起点。凡事都在情理中行为,多半是坦道。识人看做什么比看说什么重要,辨事看细节比看轮廓重要,测度量看善念比看谴责重要,分睿智看洞察力比看表面重要,鉴高人看眼力比看听力重要。

每个人都有对未来的渴望和憧憬,或许有人已在这样、那样的梦想憧憬中奔劳了很久,但我们若能时不时地回望每一种梦想原始的起点,明白站在起点的我们当初出发的原因,反而更能笃定地勇往向前。这种种反思的馈赠,不仅要我们珍视当下的一切美好,也要勇于向往那远方的愿景,更要时刻铭记生命最初的萌发,最重要的是要牢牢把握好沿途行进的方向。让我们每走过的一步,都能够坚定踏实,充满力量。

我们在结识任何人时,都要确立一个德行和品行的正义标杆,以行树品,以德立位。凡能在人情义理当中为人行事,那么所行之道多半是前途光明的坦道。

或许,我们识察不同人物的方法有很多种,但我们往往更会在意一个人做了什么样的事情,是被我们接受和认可及被多数人信服和敬仰,甚至被众人所公认的,而并不是看这个人倾吐了多少豪言壮语,许下过多少山盟海誓,有过多少种炫而不实的想法。因为行动和事实的力量永远胜过浮想和语言的力量。

我们在看待事物的轻重时,往往需要观察事物内在的细节变化和发展,这要比识别事物外在的结构和轮廓更具有穿透力。因为外在的轮廓有时可能只是虚拟的结构、假象的外衣,而内在渗透着的细节与环节才是真实的结构,所以很多事物的表象可能只是虚像,而表象以内的层面和细节以外的层面,两者的共同结合面才有可能是一些事物最真实存在的那个层面。

我们探识一个人的气度与胸怀,要察觉他是否多以善的一面去接人纳物,且多半为公众、为社会自愿主动奉献自己的力量,且很少计较个人的得失。这远比一个人对待他人他事多数在意自我的感受,出现错误或者有不良情况就急于谴责或者急于推卸责任,而很少顾及公众及其他影响,要更具有说服力。

那么,去洞察一个人是否有睿智的头脑和审察能力,必先看他观察事物的洞察力是否精准。这要比打听过去和听信外在的声音,更能觉出人物本真的一面。次然,要看这个人是否具备一些独有的识察能力,是否对别人无法参悟的事物有别样的透视能力,可以审视出别人看不到的东西。这些综合识别能力,往往比听取外在的多数意见,而忽视了自我的审视能力,要更具备参考价值和实质价值。

爱的思维论

在没有成形的爱情思维论中,爱只是一种能吸引彼此的感觉,一旦这种感觉发生了转化,爱的质地也会跟着转化;而在已成形的爱情现实论中,除了相互间的依恋,更稳固的是对彼此的责任和担当,爱已然成为一种人生使命。

在一些常规的爱情事例中,或许我们可以真切地体会到那些并未成形的感情思维、事实框架中的情感链接是相对比较缥缈和虚幻的。这样的爱情也是一种极易被动摇或者被外物干扰和粉碎的,处于最初萌芽状态的浅显情愫。它往往是在短时期内两者间所促成的一种双向情感对效感应。

也就是我们常说的,一个人对另外一个人最直观的或者最微观的对效感应。它所能折射出的是相互间对彼此的吸引或者同时产生想要深入了解对方的共同需求。它的存在甚至有一种独特的立体感,有能引发对彼此随时想要去触碰棱角的魔力和冲动,哪怕仅仅只是幻想或者是相对微浅的渗入,却也来得如此微妙和不可抗拒。

美中不足的是,它的存现期相对地并不久远。这些所谓的美好感觉,会随着时间或者一些事物的推移和介入,在不知不觉中发生微妙的变化或者转移。这是在某个异势情境中,双方的感应差值升温或退化所导向的反差变化。因此,它的存在或许曾经美妙,但多数时候并不意味着久远。随着彼此间对双方在某一时段所触发的对效感应和感觉逐步弱化和淡化,原本那种情感的火种和情愫也会悄然地发生新的变化。

那些已成形的情感事实可以长久地保温,是因为它的形成和存在,都经历过漫长的积累和考验,时间虽可以压缩一些事物的膨胀,却也可以丰富一些事物的内涵。一个正常家庭关系中的男女双方在彼此的呵护或者对弈中,除了有由爱情逐步转化为亲情的依恋,他们相互间承载的是对彼此的责任与担当。即便对待一些事物的立场会出现意见相左的时候,但原则上并不会过多地耗动双方情感的链接点,彼此也许有冲突,多数时候仍是情归情,物归物。因为它的成形过程涵盖了各种关联及太多层面的牵制,并不单单是一个人与另一个人之间的事情,他们相互间所做出的每一个判断和权衡,都不应该是个人单一的核定,而是多重层面的反复思量。更形象地说,它涉及一个家族和几个家族之间、一代人和几代人之间的事情,它承载的不仅是两个人相互间的责任,更多的是对子女、对长辈和整个家族的重任和担当。

相对而言,爱情的思维论是一种在短期内形成和存现的使彼此间相互亢奋和激进的一种氧化剂;而爱情的现实论则是在长久的时轮中沉淀出的一壶陈酿,长存一种人生使命的馥郁芳香。

如何测定情感含金量

所有的情感分类，仔细推敲都有参数可鉴。那么，我们来测定情感含金量，似乎大多是以年为单位去估量的，越久越淳，韵味更浓。所有的一见钟情都是一个眼量的测定，唯有加上滤芯去过滤，越滤越纯，纹理更清。这几乎是自然形成且恒久难变的一项定律。

所有的情感不外乎都有一个共通点，相互间的情感基础沉淀得越长久，彼此的情感密度就越是饱满。那么，一辈子的情感会有道不完的回味无穷。

我们在事物和事物之间投入，可以达成的是共识；我们在人和人之间联络，可以相处的是感情；我们在人和事物之间磨合，可以暴露的是问题。唯有通过在事物中的碰撞和摩擦，才能保持得住稳定的关系；唯有经得起风吹浪打的考验，才会积累深厚的感情基础；唯有经历了酸甜苦辣的共同成长，才能有同频率的思想共鸣和生活节奏。

长年累月的积累，丰富的是情感的厚度；同甘共苦的岁月，凝结的是情感的纯度；相濡以沫的陪伴，连接的是情感的密度。我们若想要检验一份情感的质量，不如将这份情感的厚度、纯度、密度复合叠加，所能提升的比重量，便是一份高质量的情感。

一见倾情多半都是人与人眼缘的瞬间契合，是属于短时间内突发性触生的情感交替。虽性猛炽烈，一发而难以收拾，但多数时候两者间缺乏共知事物，没有实质性的情感交集和情感基础，只是瞬间建立的某种默契。陌生的质感往往更容易吸引彼此的注意力和目光，就如同一些新鲜事物的突然出现，人们都充满了好奇，且有难以抵抗的无限的诱惑。异性间的关系也是如此，在相遇到了那个对眼的人的时候，体内的荷尔蒙指数也会加剧繁衍和膨胀，想要更加深入细致地了解彼此的想法和行动，也会十分积极和迫切。

相互间产生的那种与双方的情感互动交流幻想，也许完美到无懈可击。但是，如果稍微将某事夹杂在两者之间，来共同去面对和经历，便更容易探查出彼此间人性的本质特点，相互间就会暴露出或多或少的缺憾。这时，有效地发挥情感过滤试纸的良好作用，再来核定这层关系是否该继续，彼此是否是与自身相合的另一方。如果和之前的对比会形成一种急转的反差，那这不失为一种探查自己，以及对方或者一段情感是否该有前路的有效方式。

这种对比反差在多数人的经历中是不可回避的，因为它本就是一道铁定的恒久的自然定律，人们只是在一个又一个事实的反复践行和检验中，一次又一次地证实了这个自然定律存在的必然。

论道篇

第四章

▰▰导向识别力

我们任何一个人,除了本身具备独立的理性辨别力,还会兼备保存正向事物的储存力,以及过滤反向事物的排查力。这属于人类原始智慧的反应定位。

在这样一个各种产物丰厚、信息量多元化的卓越时代,各种资源信息以不同形式、不同渠道纵行和流通在公众的视野中,或多或少地引领和改变着人们的思维观念,以及衡量事物的价值观念。

有时候,人们在面对一些繁杂混乱的信息时,常常一头雾水、难辨真伪;有时候,很容易被那些负面的信息所误导,以至于使我们原本稳定的生活现状承受了一些不必要的损害。

其实,多数情况是我们本身就先放松了自我警惕。一方面是源于我们对待一些新鲜事物及一些信息量的来源和存在,没有进行过翔实的分析,也缺乏深入熟悉和了解其内在结构,想当然地就把它们归类为常规化事物信息量分子的存在去应对,认为那些近乎为常规化的事物对于自身的存在和影响,不必过度敏感和设防,不会造成什么大的问题,便以平常心轻易地容纳了一些负面的事物,以及一些陌生信息量的介入。

直到有一天,它们的介入和存在很意外、也很突然地侵害到了我们个人及家庭的直接利益,再回过头来反思那些负面信息分子的生成和不良后果,才会恍然大悟。另一方面,也是由于我们自身的疏忽和缺乏防备意识,缺乏对于大众化事物的公共审视力,才会让一些若稍加防备便可避免掉一些损失的负面事物钻了空子。

细想想,其实每遇到一些比较陌生的外接事物的突然介入时,在它当中暴露的很多细节都存在着很多漏洞,有些甚至是极为低级的错误和疏漏,只是因为我们起初对待事物的大意和失误,才导致和助长了那些负面事物分子的生成和延伸,直至它有一天轻易地跨越了我们的意识防线,直接侵入我们的生活,造成了一些实际存在的损失和影响,再去反悟,才觉为时已晚。

对于一些不明事物或者不太确信的事物,只要我们在起初介入时,以超乎常态的防备和警惕稍加过滤和排查,就可以很轻易地避免掉一些负面影响,以及它可能会对我们造成的某种危害。我们每个人本身都具备这些过滤事物、排查事物的原始智慧,只要在与物接触的初始时期建立起一种对自我及他物的审视防御机制,不掉以轻心,就不会被那么容易地钻了空子,不轻率大意,就不会被那么轻易地损害。

薄与厚

在生活中,我们常会遇到一些棘手的事情,有时候会让我们感到犯难,找不到一个可以突破的口。这时,一些真正有善意的人会站在对我们有利的角度,来点化和鼓励我们。同时,也难免会出现一些观望、看笑话、冷嘲热讽的人,来打磨、刺激我们。也许,这两种方式都会产生不同程度的促进,但往往是前者较厚,容易增进情谊,后者较薄,容易拉开距离。

事实上,在现实的圈子中,我们都会碰到一个或者几个知己。或是因为志向相投,观点一致,或是因为脾性相合,在两者相互接触中也会横生矛盾火花,这恰好也是一个打磨彼此脾性的过渡期。在这个磨合的过程中,我们在赞赏对方优点的同时,也需要包容彼此的缺点,需要把彼此的思考面放在同一个频率的立点上。

其实,我们其中的一方先发现和指出对方问题的同时,也是在认同和挖掘问题中相对正确的一面,以我们自身的观点投放在另一方的立场中去审视同一个问题。唯有我们能身处其中,与对方处于同一状态和情境中去感同身受,用心咀嚼事物间的联系,分清相互间串联的脉络、互联角度,去消化一些解不开的矛盾,那问题就不再是问题了。

此时建立起来的友情,是一种比较融洽的关系。对人对事的出发点和落脚点，往往是相契相合的。所以，都会站在彼此的角度和立场去思考问题，以互利或利他的思维立场，提出一些具有建设性的意见，助彼此消化掉、解决掉一些突破不了的问题。这也是最容易直抵每个人内心深处的一种良善温暖的情谊。这种相互间接纳缺点的碰撞越是频繁，包容度就越高，对彼此的认可度就越高，友谊也就越深厚。

当然，我们也更需要学会接纳一些和我们自身相对的事物。虽然对立面的事物往往会给我们带来或多或少的冲击，但我们自身的问题和漏洞，身边的人和自己都是最容易疏忽且很难发现的，恰好是一些对立面的存在，一些对立观点的觉知和发现，有助指正我们本可以避免的一些错误。

也正是对立面存在的某种撞击力，可以加倍刺激和挖掘出一个人本身潜藏的能量。因为每个人的人生阅历和生命的厚度，都是在不断发现问题和不断解决问题中延续的。有句话说："四十岁的时候所冒的汗，是二十岁的时候所灌的水，若想要把水分提炼成精华，中间是要吃些苦头的。"

毫无疑问，这两种现象的碰撞都能有效触动和激发一个人的斗志和潜力。只是前者相对温良，使我们容易接受；后者比较澎湃，足以打磨一个人的耐力。

定位在于比量

"没有比人更高的山,没有比脚更长的路,没有比沉默更遥远的距离,没有比接纳更广的天地,没有比宽容更大的心。"

在这个世界上,没有哪一座山是不可以丈量的,再高的山都可以有海拔的定位,都可以探测出它的精准高度。唯有人的胸怀和境界是难以攀爬和测定的,唯有人性的深度是可以无限地拓展和延伸的。它的比量超越了任何一种弹性的韧度,是可以向四面拓延伸展的,在递长高度的同时,也拓展了宽度。

我们的脚大小不一,却都有一个尺度,我们所行过的路长短不同,却也都有一定限度。但是,我们的人生却很难走得出一条比脚更长的道路。无论是艰难险途,还是光明坦道,只要是有人经过的地方,就都会留下足记,一壑一隅,一起一伏,一步一步丈量着人生的宽广天地。

人与人之间的隔阂,不是面对面对比的差距,而是心与心拉开的间距。人与人之间的交流互通,不是舌与舌之间的争战,嘴与嘴之间的交锋,而是心与心之间的交汇,思想与思想之间的相互通融。如果相互间没有交锋的针对,没有心灵与心灵之间的撞击,对彼此都沉默相视,无声以对,这才是人与人之间、心与心之间发出的最陌生的信号,拉开的最遥远的距离。

也许,让我们去接受一种看好的事物会很容易,但是让我们去附和一种不看好的事物却很难,想要做到对好的事物或者坏的事物都可以坦然面对,则需要一份敞亮的思想和一副宽阔的心胸。每个人的人生都有可以面对所及事物的宽阔,却只有少数人有可以面对所不能及的事物的豁达。我们可以接纳所能,这是一种气度,而可以接纳所不能,则能盛得下更广阔的天地。

对于他人的错误能否宽容相待,或者能否接纳我们自身的失败,测出的是一个人心量的大小。心若小了,则事事烦乱,也难寻得能容之地;心若大了,则事尽圆满,便可能融汇百川。人的胸怀有多么博大,所识的路就会有多么畅远;人的心量有多么宽广,所行的天地就会有多么辽阔。

唯有人可攀,山不再高;唯有路可探,脚不再长;唯有心语共交,距离不再遥远;唯有懂得接纳,天地不再无界;唯有悟到宽容,心域不再局限。

当然,我们每个人衡量事物的标准,都不尽相同。无论是对于人生的思考,还是经事的阅历,都会有各自涉入深浅的参数限定,位置处在哪一个层面上,分辨和理解事物的标准就会限定到相应的段位上。但是,每个人对于想要抵达的自我人生目标的标准和定位,都有着自己的要求和比量。而往往能成就我们人生定位的,也正是我们所累积的人生比量。

思维的两端

一根弹簧,要么撑到头,扩充张力到极致;要么缩到底,原地不动为静止。对于这两种极点,过度地倒向哪一头,都是极端。一种是积极化的至极,一种是消极化的至极。但是,威力最大的那一部分,反而在于反弹时所爆发出的弹力和回旋程度的大小。人最持久的韧性,不单单是某一个阶段的爆发力,而是在于在苦难和挫折中是否有反复反弹的能量。

与物而言,一根弹簧的作用是要么将弹力发挥到极致,让反弹的力量翻倍爆发,释放它所有的能量;要么缩回到原状,踏步不动,停留在一个平稳的端点上不痛不痒。实际上,任何事物的循规是不进则退,也就相当于是隐形的下沉。我们无论采取哪一种方式,都是处于事物的极端,非暴涨即暴跌。

然而,最规律有效地发挥力度和积极能量,并不是单向地挖掘和发展某一个侧位的最大化,而是在于它在扩充张力时,均衡回弹的力量是否能运用到实处,对我们本身会有什么样的启发和用途,会产生什么样的价值和意义。往往那股可以保持事物均衡运作的力量,也是最能维护事物整体发展和延伸的力量,相对而言,它更能创造出实际的增值效益。

与人而言呢,一个人最长久的耐力,则是在一次次遭遇磨难和困境的时候,可以拉伸出的潜藏的弹性和内力,其回旋的韧劲有反复反弹的能量,并能够均衡保持状态。其实所有人的潜能都是可以被挖掘出来和可以无限延伸的,尤其是生在逆境之中,更容易激发强大的震撼力。

当然,我们判断一个人是否潜藏了足够的引爆力量,这并不是在单一的事物中就可以考量和证实的,而是需要通过无数次的磨炼,在一次又一次真实经历中,打磨出耐力和韧劲。我们也并不认为仅凭一种事物或者一个阶段的考核,就可以认定或者否定一个人或者一种事物隐藏的潜质和韧性。

如果一个接一个的困难像连环扣一样,接踵而发地摆在我们的面前,那我们必须有迎接和面对它的勇气和战胜一切的决心。只要我们自身的能源是足够强大的,任何艰难困苦对于我们的威慑力就是弱小的。如果我们应对它的能力是微弱的,那事物向我们扩充的张力就是强势的。

面对任何难以应对的事物,都要保持内在的心理防线和思想构架足够坚固,同时,外在的对应方式也足够稳妥,我们本身所潜藏的内在能量是足够强大的。那无论将这种耐力和韧劲运用到任何事物中,施展到任何状况下,对于我们而言,只是会成为一种可以引爆耐力的导索,最终可以使一个人的韧劲增强,力度提高。

趣味解译人生

人的一生是增长见识和丰富阅历的过程,或长或短,或悲或喜,沿途中的岔路和直路都会路过,岔有岔的曲折,直有直的畅游,各样的滋味,有各样的体味。懂的人,会回味这样一个过程,去领悟而尽尝甜美;不懂的人,会被琐事纠缠而烦恼痛苦,所以,走心的感受各不相同。到头来,其实都是集攒修为的一回回人生修行。

在人生的每一个阶段里,所揽入眼底的每一种阅历,都是不断修行的过程。我们可以在别人走过的路中,去领悟我们不曾走过的路,也可以在自己走过的路中,去探寻自己的人生。这当中路经的每一处风景、每一个路口,或是崎岖不平,或是畅通无阻,都有着各自的滋味和欢容,关键是看我们以什么样的思想和心态去解读。

谦善豁达的人会用心享受这样的行程,用发现美的宽容而感悟人生的真理,尽享世锦繁华;幽怨生闷的人会被世俗的忧愁所牵绊,纠结于俗事的杂尘中不得安宁。如果一个人的内心空间所能容量事物的限度越小,那这个人就会挣扎在狭小的圈限里,难以接纳和调整事物的平衡。

这时,不如打开心扉,包容好的、坏的,善尝苦的、甜的,畅行直的、岔的,唯有让我们的思想容量扩充,达到灵魂的满足和觉醒,便可撬动质的提升。我们的内心空间所能容量事物的限度越大，我们就越富有平衡事物的宽容。所以，每个人对于各自经历的走心过程，从来都是各有各的从容。

人生的道路有直行，也有岔路，我们用所储集的人生阅历、思想和智慧的综合值相加后，可以去分辨、选择。在一次次人生历练的较量和磨合中，获得一种心境和修为的提升。至于我们所经历的每一种人生历程，说到底，也不过都是修行的过程。

如果我们可以把所有的人生历练转化并汇集于一体，当我们自身的修为可以平衡和升华到一种饱和的状态时，那无论我们正经历着怎样艰难的状况，都无法破坏内心的那一片安宁。我们的思想和生活始终都会保持在以自身的道德和修养为定格线的水准上，这道内在的修为防线不会被轻易地攻破。

当然，每个人对于人生的理解和参悟，总是会各不相同，总会有着适合每个人自身生长的趣味解译和版本。有的会在不断历练过渡中，让思想更加丰富；有的会在走心的感悟中，累积修为并再度提升；有的会在行途的探寻中明确方向，立定目标和圆心；有的会在俗套的纠葛中模糊视线，分不清自己还是别人。种种各自不同的译本，自己领悟，更加分明。

第五章

承担是一种气度

承担是一种高尚、潇洒的气度，优于一切华丽的说辞。

一直都认为，在一些日常生活的琐事中，当我们自己拥有他人所给予的，或者机缘所赋予的对于事物的选择决定权的时候，我们需要去细致地斟酌和考量对于这些事物应该和必须承担的全部风险。

在对待任何事物的选择时，我们都需要建立一种相对直观的，且足够有担当的表达与态度，这种观点和态度关系着是否能够立定一个对的方向，也是为人处世中一项必不可少的基本法则。因为没有多少人愿意和那些不懂得担当和无力担当的人同谋共事。且不说遇事的潜在风险或大或小，又有多少人明知事理，会主动担起一份潜藏的风险呢？

遇事无论产生了好的结果，还是坏的结果，抑或是它的延伸方向可能早已远远超过了我们个人想象和掌控的范围，但是，只要它是一件我们认真选择要去做的事情，或者是一件已经在做的事情，不管它立于何处，都需要我们相应地去承担，并有责任去面对它所趋向的任何一种结果。

正所谓事无担难为，人无担难树。为人处世，唯有懂得承担一切所及事物该去承担的责任，才可能长久地与人与事共为。它不仅是为人所向的一种高尚情操，也可以用来判断一个人是否有挑得动重担的与众不同的非凡气度。

我们对待任何事物的责任心和承担力，以及我们自身先天或者后天所具备的条件的存在，早已决定了我们对待一些非常事物是否有独当一面的担当和智谋，和是否可以被委以重任。

所以，一个人对所及事物是否有担当，和是否能对一种失败结果相对稳妥和公正的善后处理，可以有效判断一个人的综合素质和综合能力。它所能折射出的人格和品质，往往才是这个人最真实的那一面，也是深藏于内在和富有自我修为的那一面，不随意显于表层。在最紧要的关头挺身而出，力挽狂澜而施展身手，这种相对比较务实的人格魅力和有所担当的风范气度，已然远远超越了任何华丽言语的修饰。

实际的行为远远胜于空洞的言语，做出具体行动也远远比拿腔调、摆架势更有优势。

论 道 篇

假如时间可以倒带

当一面镜子摔碎了,再用力去修补,它还是会有裂痕的,因为岁月一直在走,时间不会倒流。消耗人生的精彩,若以年计,得不偿失的是流光的春秋冬夏。生命本是一个有趣的命题,又何须太过用力拧巴。人生这杆秤,放平了称出的是心量,放不平称出的是重量。

花无声息时,或许正在绽放;叶落无芽时,或许正在生根;一个人默默无闻时,或许他正在悄然生长,有待厚积薄发。事物的表面看似波澜不惊,可能实际上深层已汹涌澎湃,或许表里在蓄积能量,正可期他日蓄势待发。细拂草叶飘摇无芽时,或许它暗藏在地里正在生根;静观花儿闷声低语时,或许幽芳将要四溢。

人生的每一段低谷,不过都是为了谱写每一段高潮时的序曲。多采撷几串生活中悠扬的旋律,或长或短,或悲或喜,都会成为一曲曲美丽动人的赞歌。悲有悲的凄美,美有美的炫丽,这都只是人生在不同的时期里赋予我们的一次次激情的涌动。

在事物彻底破损的时候,即便再费心费力地去寻求良方来修复,它也难以找回原本完整的样子,或多或少都会留有补修后抹不平的残痕。

或许,我们对于任何事物的完好建立和保存,最好是从触碰事物的开始,到它每一个发展的过程,每走一步都应该有不能让它完全破损的顾虑。不管是再烦琐,还是再简单的事物,都不要去触碰它的命门。生而过度滋长,死而一招致命,都是两种极端,到最后不是喜极生悲,就是死无退路。

任何事物只要留有一线余地,才可能有回旋的转机。欲留后路者,才会事事有路;欲断人路者,将会路路不通。凡事留有一线,俩俩才好相欠,日后才好相见。常言道:"走不走留路,吃不吃留肚。"无论两者间的激化和裂痕上升到何种处境,一旦一方将另一方逼向绝地,就无法再回头,也难寻退路。

人生就是一场没有彩排的单行道,无论经历了好的、坏的、遗憾的、圆满的,都不可能再重来一遍。人与人之间唯有懂得珍惜,生活才可能回馈以真理。逞一时之胜,痛快是满足了,情分也撕裂了。

有人之处,必有事生,有事之处,必有不尽人意。时间只会带人们体验直行的畅快,不会在轮回里倒带,消耗珍贵有限的生命,将付出沉重的代价。人生这杆秤如果放不平,所负荷的便是摆不动的重量。生命的最高价值在于体味它本身的趣味,时间无法倒带,不如好好把握当下,前路将会愈加宽广。

识得痛苦便是慈悲

我们的内心能够认识到痛苦的存在,这就是一种慈悲。对于痛苦,我们要敢于面对和增强自身免疫能力,而并非麻木和逃避。人们总是喜欢面对快乐的人和事物,愿意和快乐相融共处。其实,痛苦也需要我们以一份包容和慈悲去接纳,并与它共适相融,以致超越。

也许,很多人都有同样的感触,我们在经历了一些人生的坎坷、磨难和非常之事以后,所触发到心灵深层那种豁然的觉悟,唤醒和觉察到内心深处的那份对于一些苦难的强烈的悲悯,能感受到痛苦的交结与感伤,能激起情绪的波动,这便是意识到了我们人性慈悲的一面。

许多人在面对灾难、痛苦、挫折时,有一段时期里都难免会有被挫败、摧残后的麻木不仁,在思想和意志的生发上有所局限。有的人会把自己沉入绝望的谷底,从此一蹶不振;有的人深度封闭自我,与外界划清界限,甚至以脱离事物本身纠结的逃避方式,获得释放和遗忘的片刻宁静。

殊不知,我们唯有在痛苦中觉悟,才可能慢慢地从悲痛的残渣中渐渐清醒;我们唯有在内省中深度觉醒,才可能冲破思想禁锢的封口,再一次打开重生的入口。我们消化痛苦的速度,决定着我们再度崛起的高度。唯有以积极达观的态度,去接触和面对一些新的生活和新的事物,来增强自身的免疫功能,才是我们应该端正的人生态度。或许,在择取某一个新的突破点的同时,也是为我们创造了一次重新塑建另一个全新自我的机会。

大多数人之所以都愿意和积极、快乐的人相接触、相融合,是因为可以从中获得更多的积极能量,借以来充实自身的能量。我们所融入和接收到的一些积极、快乐的能量,会有效地感染和带动我们去创造和汇集更多有效、有用的能量,多去做一些对他人、对社会更有益的事情。

其实,能够接纳和释放痛苦,也是同样的道理。我们之所以远离痛苦,是因为担心走进痛苦会带给我们更大的痛苦;之所以恐惧在痛苦中可能会受到的某一种伤害,是因为我们在已有的痛苦中曾面对过伤害。在痛苦面前,我们会习惯性地选择逃避,因为我们已没有更多的勇气和能力去正视更大的痛苦。

然而,让人会忽略掉的问题是,我们能以慈悲的一面认识到痛苦的存在,以自身的抵触面与痛苦相融合,那才是真正重新组建自我、修复自我的必由途径。我们消化和融合痛苦的过程,同时也是重建自我的过程。我们掌控自我的能力范围,必须大于痛苦能左右我们的范围,要让痛在人中,不可人在痛中。如此,我们便可成为掌控痛苦的主宰者。

生活造就艺术

生活宛如一门鲜活的艺术，人们都擅长抓住那些我们认为美好的事物，细咀那一份人生的韵味。生活中的每一场演绎总是那么怡景怡情，有时在跌宕起伏的剧情中品味酸涩，有时在色彩斑斓的画面里细嚼甘甜。生活就如同一幅打磨中的艺术作品一样，每一次的添彩和着料，都会让它变成另外一种新的模样。

艺术又似人性和生活中的一种滋养，有时就像一幅活灵活现的山水画，有怡情动人的风景，有趣味鲜活的生灵，偶尔又充满神秘的气息，忽隐忽现，让人们陶醉其中，难以看透。它的形成和产生可以是思想火花的凝练，也可以是艺术造诣和修为的积淀。生活和艺术，这两者唯一的不同之处在于，艺术是在情操的陶冶中诞生，而生活是在现实的触碰中经历。

可以说，一切伟大的艺术都源于生活的雕琢，生活的点滴塑造了艺术的原型，艺术的质感提升了生活的曼妙和精美。生活在艺术的熏陶中，显得更加层次分明；艺术在生活的灵光照耀下，更加惟妙惟肖，栩栩如生。生活的多彩多样催生了艺术的萌发和灵气，艺术的细致精湛赋予了生活的丰富和唯美。

有时候，人们崇尚某种艺术，就好比挖掘一种稀珍的宝物，里面隐藏的东西总是让人琢磨不透。艺术具有强大的感召力和吸引力，吸引着人们前去探寻。艺术真正的魅力总是源自于它的神秘，它的价值总是在人们的不惑和惊呼中提升。

思维域度

当然,这些也只是我对艺术相对比较肤浅和直观的感受。很多伟大艺术创作的原型,都顺应着一个时代的潮流,它的特征是始终脱离不了对于人物、事物、环境或生活的提炼和截取。特别是创作者所处时期的心境及自身和周围人群的所处经历,以及所能触及的所有生活,这些都是艺术形成的参照和艺术原型的提取物。

我们想要真正地读懂一门高深的艺术,并不是那么容易。如果想要了解一门艺术的形成,就必须先要靠近它的创作思想和生活,靠近这门艺术的原型,走进创作者的所处场景和心境,了解创作者和周围人群所处的生活状况及环境,并抓住这门艺术产生时的时代特征,这就意味着我们对于艺术思想的理解更接近了一步,了解更深了一步。

艺术之所以被我们认定为一种高尚的美好事物,莫过于它的灵魂融入了人物的情感、生活的气息、环境的特性、时代的特色及心境的感受,精雕细琢,悉心咀嚼,才提炼出一种人生和生活和谐之美的艺术韵味。任何一种伟大艺术创作的诞生,都有现实生活中所提炼出的原型,它的生发都源自于生活的点点滴滴。

极简的至上

任何一种伟大而卓绝的创作和制造，都是那么极简。无边亦无形的至上，似有无，笃如初。

大多数诞生和发现的雄伟壮观的事物，都是极致洁简的化身，倾注着至高无上的情怀，达致思想和精神的崇高境界，并传给全人类、全社会一种意境。

许多外在看似极简的人物或者事物，它们的内在都充盈着丰厚且极具思想的积累。极简的形成，必然是由所有人生精华的提炼所奠定。唯有那种由动到静、由繁至简的智雅，才能退却世间的浮华和虚荣，诠释真我意境的极简阐述和表达。

揭去那层浮华的外衣，存留到人们思想和精神深处的，都是有血有肉最真实的东西。它的尊容不一定会达到富足贤达，修饰也不一定冠冕堂皇，却能剖解到人生中深入骨髓和融入血液的信条和真理。极简如初的至善和真美，融入人们思想根蒂之处，有圣洁的崇高，也有清简无言的亮节。它是由繁到简的思想达致灵魂的度化，也是对待事物大彻大悟的从简流露。

凡是超越化的至简从容，必是修得的好思想的组合与搭建。其中提炼的每一滴精髓，至简如水，却可以融化凝固的心灵。从简是至善的灵魂，由心灵的感悟走向精神的超脱，所有能超越烦琐并转化到简单的人，都有着圣洁高尚的灵魂，也能塑成善缘善念的心魂。

思维域度

大雅无形的极简,往往胜过有形有状的雍容,看似轻描淡写地传递,却斟满意味浓厚的真理。它能把网罗的视线投入无边的境野,也能把生灵的栖息揽入万物的边界,还能截取到所有细小的节点、微弱的浮尘,以无形的视野轮廓和最真实动人的纯朴,追求超越完美的极致。它仿佛是那亲善纯情的圣天使者,能把最真最纯的一面带到任何人和事物的面前,它以极简的化身昭示着至上的无边,从有形的棱角到无形的旷野,以无形涵盖了有形的变幻,至仁至圣,至纯至真,至善至和。

极简的至上就如同为人之初的真善美,可以把一切外化物的产生及任何烦琐,都回归到最初的纯真和善美,又堪比那老成练达的圣者,可以拿捏准事物转化的维度,将它们不同时刻的变化角度平衡到至高从简的格度之上,有形亦化为无形。

它那种看似无形而笃定的从容和力量,可以集合万物的通灵变幻,把所有事物外化的边界融合到事物内化的细节里,以极简又脱凡的思想精髓,凝结成至高无上的精神境界和观念,生成汇集于普罗大众的人生理念,并将它发挥到最高效益,普世于人,惠及于人。

第六章

世态名利场

名利场如同绞肉机，身在其中则充满了争斗，但是，我们越是处于世道的边缘以外，脱离轨道越久，就越是难以适应社会的生存法则。能做到人前光鲜靓丽，人后关门自立，家里逆来顺受，外面冲锋陷阵，是为真能人，方能练就金刚不败之身。

无论是人生的战场，还是职业的战场，不知道有多少人要迷失在这场漩涡中，被纠结和捆绑在世俗的浑噩中，不浊不清。人生的大门是道繁复的路口，我们对于人生中的未见所渴求的起点和期望值越高，我们所要付出的努力和代价就越大。每实现一个目标，都需要打起十二分的信念，回以相应的付出。对于事业的进取心，更需要持之以恒，义无反顾地去探寻，每一次自我思索，从前一个落点通往又一个起点，其实都是反复重复的过程。

当一个人脱离了社会和生活的运行轨道太久后，远离了尘世的繁杂喧嚣,早已习惯了那一份难得的清静和不被烦扰的生活,若要回头重新掌握那些凡俗的生存套路,真的很难再把视角重新安放到先前的位置上。我们逐步向前的人生思维观和重新改观、定位的生活态度,以及对人生探寻和追求的价值再造,根本无法退回到最初的起点上。如同一个羽翼丰满的成年人,任童年时代再美好,也不可能再找回幼小时的那份童真,仅存有的只是那时的美好记忆而已。

多数人都有一个共同的特质,总在遵循着一种共同的特性,向前走的路易行,往后退的路难回。如此,人生中便会出现许多美好的遗憾和惦念。原有的我们和我们原有的生活方式,早已被另一个我们和另一种进化后的生活方式所取代。每个人行走在社会中,原有的每一重阶层里的正规化的人际社会法则或许可以效仿,但绝对不可以复制。因为我们在某种层面有所进步和超越的时候,早已延伸出另一条新的轨迹。

一个人若能做到在众人面前施展最唯美的光鲜,迎得了鼓励,捧得起鲜花,接得住掌声,举得动奖杯,把最完美的一面端到台前,在人生舞台的中央把持好不炫耀,不虚张,不被太多的光环所左右;在家里可以放得下姿态,守护得住家人,孝敬得了长辈,照顾得了孩童,拿得起扫帚,干得了粗活;在外面挥得开手臂,晃得动拳脚,撑得起台面。如此,才不愧为真君子,是为真人也。那么,可以修得此等境界和修为的人,他的臂膀必是坚如磐石而不可摧,无论是从内在到外在的显露,还是从思想层面到现实生活的参与,都有谦善贤能之度,威然挺拔,亦谦谦有度。

行走的姿势

人生路上，无论站在哪里，都不应惧于行走姿势中或有的高低与起伏。

生活这条长河或深或浅，或急或缓，它的走向必然会受到环境和自然规律的影响，而不断地发生变化。到后来，它终将会流往一个所适宜的方向。或许，我们无须过度地受制于它每一次前行的姿势，有静有动，有退有涨。它的走向必然会受到环境和自然规律的影响，不断发生变化。

无论自然规律怎样转换，无论生命周期立于哪一个时端，我们都不应该惧于环境和征途中各种困惑的束缚。当我们的走势面临低谷的时候，更需要鼓足所有的勇气去面对任何一道艰难险阻，以我们自身强大的正能抗体去抵制一些负能的扩充。况且在低谷的缓存期，它所发酵的负能是极有可能被我们本身的正能所带动和转化的。

当我们内在的心理无所畏惧时，我们就能承受得住各种各样人生的打击和挑战，即便是遇到难以忍受或者无法承受的事物，都将会被我们的意志和耐力所化解。每种事物都会有它生长的生命周期，不可能永远地只停留在一个固定的位置上。即便我们的内存能量已消耗到无力应对，但是到了一定的周期，它也会自动转化，只是这个周期的停留时段要比我们去做抗争和抵制后的等待时间更长久一些。

任何人与事物的低谷期会随着环境周期的变化,而移向另一个高谷期,这种高低时期的转变模式,周而复始,反复循环。就好比每一个季节和节气的转换,会如期而至。唯一存在的区别是,季节和节气是定时定律的不可逆转,而高谷期和低谷期的转换,除了顺应自然规律和生命周期的流转,它也是可以被一些外在的条件和一些人为的力量所调试和扭转的。

或者,也可以把它比作我们每个人的年龄周期,不同的年龄阶段都会有不同的事物出现。其中,除了我们自己可以决定的,也有他人驱使可以决定的。它将会在不同的阶段里循环存在于我们生命的每一个节点上。

然而,我们最需要在意的是,在这个不断变化的模式驱使下,要以什么样的态度和心境去面对和接受它的周期转换。究竟是顺应和屈从,还是调试自我状态去缩短它在我们的行途和生活中及生命周期里所存留的长度呢?

或许,我们可以以一种豁达的态度去释怀任何一种起伏和变化,不要过多地受制于它的负面影响,以及它所能波及的思想层面和精神层面的定位。学会减压,不失内在稳定,才应该是我们最该保持的行走姿势和生活态度。

每一种美

每一滴泪水,都是一颗冰冷的种子,不要随意去耗费,为了不变成更加冷漠的人类;每一张笑脸,都是一簇灿烂的花蕊,不要任人去掐折,为了天地间还有那温情的四季。

每一滴眼泪都是由一片纯情净化而来的圣水,是一粒长在心灵深处的热情的种子。每一滴的放任和流走,都是将一片感性的柔情驱逐。它是人性深处珍视一切美好事物的源泉之水,也是融化和温暖心性的希望之水,更是焕颜养性的美丽之水。

它每流淌过的一道划痕,都会是一道伤痕的印记。愈加放任,就愈加将每一份热情凝固到冰冷,把人性深处那份感性的温度转化为理性的严谨。那每一道愈加深重的划痕,都会将我们带向愈加深沉的冷漠,失掉原本善美的柔情。所以,在任何时候都不要轻易地放任泪水肆意地溜走。为了不变成更加坚硬和冷漠的心,为了不变成那么酷冷和不善柔美的人,我们要学会保存好它所酝酿着的每一份人性的热情和温存。

我们的每一张笑脸,都在散发着每一种美,像每一株含苞待放的花蕾,像每一簇微微颤动的玉蕊,溢出不一样的芳香,流露着各自不同的美。温润的微笑可以把一切忧愁和烦恼都带走,甜美的笑语可以融化一堵刚硬的心墙,释放掉那些不好的情绪,可以把人带入一片如花的海洋纵情地奔走。

不要轻易地去挑动,不要轻易地去掐折,更不要轻易地去打碎。每一份所能流露的美，至少还能在迎来一张笑脸的时刻，觉知到人与人之间那份温暖的传递，觉知到人世间还存在着温情的四季。在流转过忧伤的雨季，抗争过严寒的冬季，还会遇到明媚的夏季。人的每一种美就如同那季节的转化，我们共同期许的永远都是那阳光和煦的暖季。

如果我们愿意把最美的一面、最美的善意和微笑，至情至性地投放到生活中最美好的时节，与现实中最美好的人和事物相遇，那它就会成为我们所拥有的一种优势与魅力，能助力我们在人生的道路上走向完美。如果我们没有挖掘和擅长发现自己美的一面，没能恰到好处地将它投放到最美的时节，那我们最美的那一面就会深深地埋藏于不被发现的那一角，就会大打折扣，失去了它本身存在的意义，反而会变成我们潜藏的一种劣势，甚至变成阻止我们前行的一道路障。

或许，我们还可以用超越美的另一种美，更加高标准地衡量和要求它所能呈现的极致完美。但是，那种以有限的美去修炼无限的美，毕竟也只是少数人才可以修得的另一种超凡的思想和意境。

人间烟火

芸芸众生,又有几人能远离这花花世界的纷扰?金钱、权力、威望、地位,无非也是过眼烟云,生不能同来,死亦无法同去,到头来都将归于尘土。然而又有几人可超脱这世俗的牵绊,修得那超凡的境界呢?怕是无几人也!我们都是凡夫俗子,故也无法跳出那三界之外。

人世轮回,众生流长,又有几个人不是游离在泥泞的旋涡中拼命地奔走?生死交替,万念聚籁,人世间的万物常态本就纷扰,又有谁不是在红尘的牵绊中追逐俗世间的收益?纵使人世间的轮回自附循环规律,众生的盛衰自有时段,生死的交替丧存自占天命,任谁超凡脱俗也难以逃脱这世俗循规的生死存亡,难以分说这世间名利追逐的萤短流长。

我们所追求的人生目标都各有差异,自带航向,这必定也造就了不同的人会以不同的方式生存和出现,会以不同的立场站在不同的位置上。各自的定位标准、选择和决定,自然会靠拢各自最近的路线上。只有确立了定位和方向是一致的,我们前行的步履才能迈得更踏实和坚定。

这也就不难理解:有人会为金钱舍身忘命,有人会为权力相互争抢,有人会为威望用明枪暗箭,有人会为地位北战南征。表面上,这些人自始至终都是遵循了各自的追求方向,但是如此绞尽脑汁、竭尽所能,到头来不管取得怎样的结果,也都是为其所累，一场欢喜一场空。

每一个人来到这个世界上，都会有其生长的运期。无论是与人与事的对识相逢，还是时轮运势的流转波动，一旦度过了黄金周期，所有外在的浮华都将归于平淡，都会在时光的交替中缥缈沉浮，随烟云悄然飘走。

直到某一天，生命走到了人生的尽头，所失或所得都将归于这寸寸寥寂的尘土。当入世出世的尘埃落入荒芜，来去一世的富裕酣欢终将化为粪土，长存于那几方寸之地。任那繁锦雍华、浮世显贵，也只能是天地两相隔，阴阳两相间。哪怕生有万般能耐，动能掀天揭地，死亦无法带走一丝半毫。

然而，面对那些生活的诱惑、世俗的虚荣，我们这些世俗的人、世俗的心，又有几个不曾沾染，做得到身处世外，人自逍遥呢？我们或许都是凡夫俗子，若能在浮躁世界中守住初心，也能在人间烟火中绽放美好。

什么是好的交情

一份好的交情是双方通过共同搭建某种事物，构造而成的一座堡垒，是用一砖一瓦凝结出的一种厚实。年代越久远，沉淀越深厚，它是一种不会因为新鲜事物的出现和空间的阻隔，就会减缩和淡却的厚重。一份好的情谊是一种对彼此都永恒不变的需求和承诺。

一份高质量的情谊，不可能是一触即发，一蹴而就，必然是相互间在长期的关系搭建中建立和磨合出的一种良好的交流通行管道，从而形成一种人情互通的通道。它就如同一个高大上的建筑物，必须要通过无数道的构架环节和步骤精雕细琢，才能建造成一座稳固的精美的堡垒。双方需要在一次次共同的经历中，建立起情谊的纽链，一点一滴串接，日积月累蓄积的真实情谊奠定了它的厚重。它不会因为一些鸡毛蒜皮的闲事杂语，就轻易地被破损和动摇。它的稳固是建立在相互间真诚互助的投入之上的，无论是在所经历某种事物的共通性上，还是人与人之间的淳朴情谊上，它都是可以同步共融的。

两者的关联点和融洽度，在于双方共同搭建和参与的事务越多，两者的共识就越多，彼此的各种立项和观点越沉积于同一轨迹之中，这种情谊就越根深蒂固。因为任何一种情谊的形成和建立，都必须是双方通过某种事物的连接，逐步深入对方而后转向同一战线和立场的。尤其在对待一些特别事物中的某些细节，越是让对方走心动容,在彼此心灵深处所扎下的烙印就越是深刻,甚至是无法以其他方式更迭替换的。

就如同一部经典的影视剧,经过多少年后,一些剧幕的纲要有可能被淡忘,但那些动容的情景细节、人物间真挚的情谊,以及某一刻感人的画面,是任年轮肆意流走,仍就深深地烙在人们的脑海之中,如同播下记忆的种子,是永恒存在,无法抹去的。而新鲜事物很难取代时轮中划过的印痕,那些点点滴滴的沉淀会更加牢固地留在彼此的记忆中。

往往一份好的交情,多数是以均衡双方利益为共通点的。彼此情谊增进的相互共识,会在事物的串接和关联中,经过长期的积累而越显厚重。时间匆忙而过,每一份同行互助的友谊,会在时轮划过的留痕中永久保存。

真知己的好模样

总喜欢多分享自己康复时的心得,很少提及自己被病痛折磨时的模样;总喜欢以自己的快乐去感染和带动别人,很少袒露自己的糟糕心情;总喜欢以阳光积极的心态去面对生活,很少把消极的一面带到别人面前。每个人都可以选择自己的愿与不愿。

所谓真知己,大概就是在病中看到过你最丑时的模样,知道什么是你的优长;能理解你最颓废时的糟糕心情,明白你的快乐会建立在什么之上;看得懂你如何度过某一段消极时光,分晓你所传递的每一份积极和阳光;感同身受过你最苦时的人生经历,也见证和分享过你最美好的欢愉时光。看得见你外在的只算是友朋,道得明你内在的才算是知己。明你笑的是真益友的好交情,懂你哭的才是真知己的好模样。

很多人都愿意将自身比较擅长的一面,展示或者分享给更多的人一同感受,若能从中受益,至少会认为用在自己身上会有益的,对别人也应该没有多大害处。很多人都不愿意把自身比较弱的一面,让人轻易地觉知或者被有意地暴露。因为至少会明白,自己都没有多大把握时,也不该轻试于他人身上。

唯有在那些真正的同行人的面前,那些真正知己者的面前,才能感受和体会到同样的笑或同样的伤。不管是我们积极乐观的一面,还是消极颓废的一面,都会得到知己发自于内心的赞叹,抑或是感同身受的深度认同和理解。

他们陪你走过最艰难时的路途,亲眼见证过你在最痛苦的深渊中挣扎时的狼狈模样,看到过你被病痛折磨时的哀苦模样。他们从头到尾见证过你怎样一步步地走出泥泞,他们看到过你怎样一天天地挺过难关,同样,他们也感受和分享过你在最好的时节里,欢度快乐时光的美好模样。我们真知己的好模样便是明了我们种种的模样。

不曾同走过路,难以获得同根共命的理解;不曾同吃过苦,难以尝到同样的悲苦;不曾共品过甘甜,难以尽享同样的甜美;不曾同流过泪,难以沾得到同样的酸涩;不曾同声欢笑,难以分享得到同样的喜乐;不曾共过人生,难以建立同样的思想共鸣;不曾对等过人生态度,难以走向思想的互立和平等。

思维域度

唯有一并经历过苦难,共闯过难关,一并收获过欢喜,抑或在同行的路上,见证过彼此的经历,体会过彼此的遭遇,感受过彼此的心情,才可能在人生观和思维观上有共鸣。

第七章

把准人生航向

方向是漫无边际的,圆心是靠人掌握的。

在这个繁华的大时代里,生活中总会隐藏和呈现着各种各样的机遇与挑战。多元的信息讯号,让人们在多维的空间变幻中,适应和尝试着各种鲜明事物和各异场景中的角色演变。时代交替,在日益更新的开创进程中,各种新生代的产物链和新鲜事物逐步融入且占据和推动着社会前行发展,从而赋予了全社会多层面、多视角、多元性的选择。

人类开创了能源产物,产物牵动着人类思维的上升,思维改变了生活的革新方式。往大的层面理解,我们每历经一个时代的迁化,这个时代就必将赋予我们一种革新的生存模式。它承载着一切自然和人类及不同行业等所有事物的繁衍和发展,使其各尽所能,发挥各有的作用,在各自的航线中产生不同的效益,均衡有律,相持有恒,才奠定了一个时代的发展和规律,实现和谐推进,共享同步繁荣。

往小的轮廓定义,或者可以比作一个普通的家庭,每一个家庭成员中的每一个人,都会有着各自的择业追求和人生规划,在各自行业领域的航向中,都努力扮演好自己的角色。即便在行进的过程中有起有伏,但是只要每个人都以一个既定的方向,去完成一个既定的目标,中间即使会有波动、有偏移,只要主轴不动,圆心立定,结果也就不会偏差太大。一个家庭中成员相互间的激励和带动,可能会触发他们每一个人隐藏的潜质的舒展和延伸。

所以,无论是一个国度、一种行业、一个自然界,还是一个团队、一个成员、一个生灵,以什么样的视角,站在什么样的方位,归根结底,都不外乎有一个共通处,我们都是共存于同一个时代中不同的时代产物。

社会是一个多元的融合体,各种不同等级的有效能源支撑和带动且引领着一个社会的繁荣。创造力和生产力是推动各种行业发展的两股强大动力,而人类恰恰是某种产物形成的开创者和将有机能源产物有效实施和运用的融合者,在这个整体运行的框架之中,每一种产物链条的构架所及应用面,都将各尽其责,各显其能。

但是,始终要把牢一个大方向:为了倡导、开创、实现全社会、全人类的共同繁荣而奋勇前行,为了开创社会主义跨时代的新动源、新赋能而拓步前行,为了迎接新时代、新生活飞跃性的跨步革新而一往前行。

干啥都要有点真材实料

对待一些事物，如果我们不开拓一条可以打开自己的通道，不练就一项自己真材实料的本领，想要出人头地，却仅靠故意贬低竞争对手，来显出自己的高大，终究也是茉莉花喂骆驼——无济于事。

我们在维系正常的人际关系链时，需要在运行的轨道上，搭建一条属于我们自身活动的运行通道，来疏导所行事物的顺利流通，并有助于我们自身及周围事物发展。

除此之外，更重要的是我们自身必须具备一些实质性的有利资本，能拿得出一样或者几样真本领，而且这项本领至少是被我们自己及众人所公认和赏识的，这样的资本、才学才能作为一项坚实可靠的后盾和体现自我价值的支撑。这样，无论在何时何地，置身于什么样的位置上，都能保持和凭借着像样的本领，有足够的底气立住脚跟。

事实上，每个人都有想要出人头地的遐思设想，甚至为此付出过诸多的努力，也去创造过一些实现自我价值的机会，但是真正能碰到机遇或者能抓住机遇的人并不多。或许，每个人都有属于他的生长旺盛期，以及对他自身有利的发展时期。在这些对应阶段里，除了我们自身的努力外，唯有在我们自身发展的周期与关键时点赶对的时候，才能使我们获得成功的概率变得大一些。如果只是单一地具备其中的某一项的话，即便机遇来了，却没练好本领,或者本领到位了,却等不到机遇,那成功都有可能与我们失之交臂。

简单地说,一个人单有满腔的热情、富足的思想、真正的本领,但不具备成熟的机会和条件,现状与环境背离,或者你足够幸运,时逢好的机遇,而自身缺乏足够的资本,各种资质都达不到应需的火候,都有可能因此无法得到预期的结果。

同时,更需要具备一种良好的心态和过硬的心理素质。在这个自我价值不断丰富和实现的过程中,我们更需要寻找一种相对适合的参照人或者参照物,来相反衬和相媲美各自的进步和提升。那么,最好是准确地选择一到两个我们认为很出色且优越于我们的对手就行。

或许,这两者之间可以展开无数次激烈的比拼或者较量,但是媲美的规则不可逾越。在同属于一个行业的竞争中,你们可以比较你们所有的优势,如果今天你发现他在某一个方面比你优秀,那你明天就要做到在另一个方面更加优秀。你们之间可能会比较才智,比较高尚,比较任何一种好的方面,但绝不会比较劣势,比较卑劣,比较任何一种不好的方面。因为我们所练就的本领和优势是建立在自我优秀的基础上,而并不是建立在抵制对手优秀的基础上的。这样,才不失为一个强大出色的对手应该具备的优良素质。

这种相互的摩擦和激励,更有助于我们在行业里、在专业上自我提升。甚至到最后,曾经在你们彼此眼中的对手,很可能已不再有敌视,反而可能会成为了解彼此的另外一种关系。

攒够熟的量

高粱不是一天就能出穗的，而是需要一天天地积够了熟的量。颗颗硕果是在生长过程中通过汲取自然养分，加上本身的生命力和爆发力所累积成的。

一颗种子从埋到土里到发芽结果，并不是立竿见影，而是在不同周期的酝酿萌发中循序渐进，一天天地储积它丰满成熟的量。至于每一颗种子是否饱满，这完全取决于后天的成长过程中所汲取的天然养分和本身生命力的膨胀是否足够。除了天然养分的滋润，另外一部分的能源产量就是自身生命力所储积和爆发而出的。

正如我们以自身所拥有的承受力去应对相应的事物，相持以对，最好量力而行。如果我们与自身的能力相搏，去应对任何与我们的能力及承受力不相匹配的事物，那就需要有超常的耐力，来挖掘更多足够的能量与它相抗衡。当然，在这个过渡时期的每一次锤炼，都是一场与自我、与某种超乎常能事物的残酷较量。

或许，在这个搏击和抗争的过程中，它可以将某一事物的存在从有到无逆向转化，也可以从无到有来演变，还可以将我们的意志摧毁或者又向死而生的翻盘蜕变。这当中每一种残酷的挑战，都需要我们以超越常人的意志力和耐力去磨砺，去和那些困扰我们的环境、事物抗争。你小了，它就大了；你强了，它就弱了。当我们能以足够的能量优势来面对它的强势时，那么，这两者之间力量的持恒便会生成一种相互平衡的情形和状态。这时,那股相互较量的矛盾,就会变得不再那么尖锐了。

　　就如同人的成长一样,需要经过命运和苦难的打磨,在逆流中逆势而上,才能实现完美的蜕变。一粒粒果实的成熟,也必须要接受季节的不断变化及自然灾害的侵入,直到可以顽强抵御和适应那些不常规的变化,才能脱胎换骨,硕果累累。

　　地冻三尺非一日之寒,草木成材必日久天长。我们所遇到的每一次历练,都是环境给予的自然膨胀的养分,是我们在不断经历的过程中所储积的有效能量。它所能担当和发挥的作用值,自然也和所行事物的需求值和体现值成正比。

　　我们自身具备多少能量,在与事物的对接中就会显现多少能量,这一点无可厚非。尤其在一些特定的事物中,所能显现的能量必然会与我们自身的条件相吻合、相匹配,那种翻番的可能性不大。

　　所以,如果不受一些庞大外物对接的影响,必然是有多少光,就会发多少热,在这一点上,逆势而上的可能性微乎其微。无论一粒果实是否真正的成熟,或者一个人是否存有真正的实力,道理都是一样的。

最玄错位

人生最玄的错位,莫过于把你过往难以宣泄的痛,硬加于另一个人身上,这无异于是对他人的一种最资本的侵蚀和掠夺。

生在这个多舛的凡世间,每个人都有各自行走的一个方向,它或许是一场追逐人生的剧本,或许是一部洗涤生命的巨著。我们只管走好各自的那一条路,根本不需要请谁来替代。

在生活中,那些最不易设防和最离谱的事,莫过于在我们各自都未曾允许的情况下,一些熟悉的或者陌生的人,有意或者无意地参与了对方的事务,打扰了彼此的生活,增加了一些原本没有必要的烦恼。有时候,甚至闯入者来去匆忙,我们都来不及去意识和接纳这样的突然造访。

我们各自都行走在自己的路上,各自都经历着自己的经历,本就应该以我们的最佳状态去完善一个全部的自我,来迎接和面对出现在我们各自生活中的那些不同剧情的人生剧目。至于谁还能有多余的精力,去参与和兜揽另一条人生路上的生活戏份,那可能会另有一番滋味了……

其实,与其去兜揽一些我们未必能做得来、做得好的事务,倒不如谁的路谁去走,谁的角谁来扮,谁的喜乐与忧欢,谁各自来负担。把自己的痛硬抛给另一个与我们各自经历都无关的他人身上,那就无异于硬性地干预和掠夺了另一方的生活,以及别人人身的权利和自由。

思维域度

除非在你们彼此行走的路上,能有别人心甘情愿地一起去承受和分担事物,分化痛苦。否则,我们在无意中就给对方平添了本不该属于对方的麻烦,这何尝不是在生活路上的纠葛中,产生于本意之外的一种关系错位和人身掠夺呢?甚至也可以说是对他人的一种深深的冒犯。

退一步说,如果你有一份难以承受的经历独自来承担,这可能会是一个莫大的包袱,如果多一个人来分担,就会少一份重量,可前提是自我和他人需要建立同行同担的共识。否则,我们就没有理所当然地将我们的事物分给对方的权利,对方也没有必要必须去接受和负担。

如果只是一方单一的过度倾向,那无疑是对于自我的一种极度否定,也是对于他人人身自由的一种侵犯。显然这是一种极度不自信的思想,一是缺乏能力去完成好一件属于自己的事情,二是特别强烈的依赖心理在作祟,认为就该理所当然地去麻烦别人。在类似情形中,对方能给予我们的只是一个方向和态度的支撑,但是那些所经历的痛,那道过不去的坎和那些难以面对的事情,只能由我们自己去消化和解决。

我们各自的路,只能自己去丈量,各自的人生剧本也只能自己去写完。

血诗泪

有谁的人生不曾洒过几滴血泪,有谁的生活能尽如人意？正因为我们走过了之前的路,才会有了以后的路。有人说:"只要到达目的地了,没有人会在意谁是徒步走去的,还是驾车奔去的。"至于会是谁的过往、谁的人生、谁的现在,乃至谁的将来,每一场的重复,其结论也只会是人生和自然规律的反复循环。

行走在人生的旅途中,没有谁的路途可以一直平坦,也没有谁的过往不曾辛酸。然而,我们必定是先途经了起初走过的路,才会开启以后的新征程。

在经历了所有以后,今天的现在究竟得到了什么样的收获？谁能坦然地面对那些收获或者失去的背后,独自一个人曾承受了怎样的煎熬,付出过怎样的代价？或许,那么一点点的收获,是需要我们熬过许多个痛哭的深夜,才可以一步步地祈盼来的黎明。

不要遗憾过往,不要过度期望未来。只要我们曾经付出辛劳,现在得到的是丰足踏实的,又何必在意我们行过的步伐有多沉重呢？对于未来,或许我们可以继续渴望,也有所期待,但是不需要太过苛求,只要尽好一份心,理所当然地去付出,自然而然地去收获,又何必在意我们未来的行路又多铺了几条道呢？

我们尤其不能忘记的是,每一个途经的人生驿站,是每一段路途中的每一次起点。正是因为它们的存在,才教会了我们更坚定地走好下一步,更顺利地到达下一秒的人生端点。更不要去抱怨任何一场风霜的洗礼,它只会激发我们逆流向上、勇往直前的决心和态度,让我们更有能力抵挡得住岁月的寒伤,担得动苦行的负重。

或许在某一阶段,谁都有过某些人生中的渴望与追求,都怀揣过一些美好的梦想,也曾拼尽全力地去追逐和实现,但又有谁可以一帆风顺呢?所有下一秒的美好收获,必定是上一秒的竭尽全力,只是大家都愿意让人们看到的是表面上的毫不费力,而种种辛酸和苦楚只会砸在肚子里。

无论是曾经的过往或即将走进的将来,还是人生的逆境或顺境,以及每一次跌宕起伏的翻转,必定是在漫漫长途中一场又一场阶段性地反复循环,这些人生的安排需要我们学会担当。

第八章

生死蜕变

当一个人经历过由生濒死,又向死而生的蜕变,生命本身的价值和意义将会被重新认知和改写,会更加看重和在意的是以后是否会在这个世界上留下点真正有价值、有意义的东西。它的核心价值体现于真正存在的实际意义,真正值得后人所纪念。哪怕是很小的事物,也能延传不衰。

一个人从生到死的距离有时并不遥远,它或许相隔于每个人的一生之间,或许仅相差于一念一瞬之间。而一个人的命运要颠覆一场向死而生的转折,却需要脱胎换骨,经得住千百回的蜕变。尤其是心灵的成长、思想的进化、价值观的认知、人生观的重塑和世界观的再造,都将会重新过滤和定位,会发生着翻天覆地的变化。

在颠覆过生命种种退化和重塑的以后,我们整个人思维的建

思维域度

设和思考的维度，就会脱离混沌杂尘的束缚，不再轻易会被一些缥缈无实的虚像所误惑，思想辨识的天空会更加清明透亮，更容易看明白一些以前看不明白的事物。在识人洞物方面，也有了更加清晰的感观和定义，更会注重和在意寻求一些真正有价值、有意义的事物。

说句实在的，我们每个人来到这人世一回都不容易，在这个世道间存留的期限也都很有限，就需要去创造一些可以留下和值得纪念的东西，得以后世传颂。哪怕它是很小的事物，只要它的存在对于他人有用，对于社会有益，这便是一种功德。少事多为，聚沙成塔，集腋成裘，日积月累地去成就，小舟自然也可扬起风帆，满载着生命存在的价值和意义。所谓"雁过有留声，人过有留名"，那我们走过的人生和行路，就不会是一张空无的白纸。

有时候，人生真的很奇妙，也很难以揣测。恐怕谁都无法预知我们的明天会是乌云密布，还是万里晴空，也真的不会知晓不幸和美好，终究哪一个会先到。所以，在我们还有用的时候，还有力气的时候，还能做点什么的时候，千万不要吝啬那一份善意、那一点智慧。因为它可以创造出的人生价值和意义，真的不可估量。

或许，一个人在经历过世俗的冷暖，体验过濒死而生的转折，体会过思想和境界由浅到深的蜕变，经历过人生重塑的一次次过渡后，便会明晰人生的自我认知和获得应有的分寸感。这就是多数人正期许的一种人生道路的指引，会带领我们把握更明确的方向，走向更正确的人生道路，也是为人之本的一种初念与核心力量。

所以，我们来这世间一回，在那么有限的时间内，能选择多做几件值得做的事情，能留下几样值得纪念的东西，在走过的路途中多留下几道美的印痕，才不枉人活一世，这也是每一种生命存在过的价值和意义。

生死有命也有长

人好渺小，也好脆弱，在面对疾病和灾难来临的时候，是多么的不堪一击；人又好伟大，也好刚强，无论在多么恶劣的生长条件和境况中，都能够学会适应任何一种生活的状况，并且找到属于自己的一种生存方式。

每个生命的存在，来到这个地球上的分量是何其渺小，就如同一粒微弱的尘埃一般，散落在大地中无从寻觅。当人在厄运的浪潮中被无情地吞噬的时候，就如同那羽翼未丰的鸟儿一般，微弱到不堪一击，连一丝想要挣脱和反抗的空隙都没有。

人生在世，许多生命的存在和过往都显得那么匆忙和仓促。人生中的每一场劫数，本来就是人生命运的不可预知。祸兮福兮，去来由命，是福不是祸，是祸躲不过。有人认为，一个人生与死的间隙长短，在我们的命理之中早已由天注定，以人微弱的力量，根本改变不了什么，但是当我们在逆境中选择积蓄个人能量，所谓"天命"也并非不可扭转。

也许，每一次命理中的定数和每一场命定的劫难，仍是无法改变和逃避的。天理注定,难分与谁;人与命争,劫数难逃;人与天抗,体无完肤;事不强争,强得必破。因此,一个人在运势最低谷和微弱的时候,选择不争不亢,就等于储存和积蓄了原有的体力和能量,并在这种不争中认清当下的形势,理清自己的思路。

也许在每个人的生命中,都有力量微弱的时段,在逆势的条件下,最容易流失能量,形弱势衰。相对的,我们每个人的一生中,也必然有生命力旺盛的时段,在顺势的条件下,最容易汇集能量,形强势盛。所以,选择在顺势的时段加强个人生命空间的生长,才是最为有利有益的。

人们的伟大和刚强,往往都是在最低谷的时期被激发和存蓄的。一方面,在逆势的情形下,能长久地做好能量的储备,是最安全的生存方式;另一方面,人本身潜在的耐力和韧性的释放在于,即便是处在最糟糕的生存条件和状况下,也都能找到一种和现状相对应的生存方式,并且与之相融合,慢慢适应以致接受。

多数时候,一个人的潜能也是在所遭遇状况最坏和所面临环境最差的时候,才被发现和引用到实际生活状况之中的。它的有效释放,可以强大到能重新塑建一种新的命源抗体,重新组建一种新的生命源,蓄存和储积更多的能量,建立一种新的思想、新的生活和生存模式待以经营。有朝一日能够蓄势待发,以一种全新的姿态再次出现,并且能够强大而有力地爆发。

人生易走难守

以我现在的思想和对于生活的理解，去谈说一个青春的话题。或许，此时对于生活的务真务实，已远远超过了一些迷幻的渴望和憧憬。如果让时间后退一步，在十来年前，谈说那些懵懂青涩的少男少女，对于爱情最简单和直接的理解和要求，应该就是择一份田耕作，守一颗心终老吧。

但是现在所理解的友情、亲情、爱情，都经历过了时间的流转，已经学会了把各种情愫都归放到一个正确的位置上，已经明白该以何种心态来理解，和以何种距离来保持和维系这重重关系了。

人生路上，唯有穿度过荒凉，才能变得铿锵……

或许，在我们每个人的青春时代，都曾幻想过或者经历过一段少男少女的青春故事吧，也都曾满怀热情地追逐过一段甜蜜的幸福往事吧，曾把青春时代的一些青涩的执念，编织和憧憬为一幅美丽的人生画卷……

择一亩耕田，执守一生的缠绵，清贫福禄，无关于行风云月。恬逸春秋，尽显一份恬淡与惬意，清淡朴实的简单幸福成了陶冶生活情调最动人的主旋律。真情相伴的两颗心，共同建筑一所永不倾斜的温暖巢。柴米油盐调剂出生活五味杂陈的味道，喜怒哀乐中诉说着家里屋外的趣事，一生的清欢载满了一世的幸福延绵。行走在清闲质朴的画面里，欢动起一片幽静的世外桃源。

思维域度

  然而,幻想和现实相距那么遥远,现实总是要比美梦残酷一些,计划中的生活和现有的遭遇总是会弹唱着反调,美妙的遐景和一帆风顺的另一面,多半就会是雷雨轰隆、闪电突起。人世间,不尽如人意之事十有八九,与稀有的幸福对立的多半是悲催的苦难。

  在我们每一个阶段的成长历程中,无论是世间最干净清纯的友情,还是至真至善的亲情,或是刻骨铭心的爱情,每走过一段跋山涉水的征程,总会留下几处时空流转的印记和划痕。如果要用形象的语言来表达的话,那友情经筛漏滤过后,保存下的都是纯真;亲情经时间沉淀后,留得住的都是永恒;爱情被刀剑刺穿,淌过血后只有筋皮。

  在我们看过了种种,明白了种种过后,这时候还能依旧笃定地前行,依旧坚信事事诚可贵,真情有可待,人生价更高,还能坚信这世间仍有一物可获许,一事可获期,一人可获守,已然需要超凡的勇气和担当。

  人生路上,不曾经度过事态的荒凉,又岂会磨炼出人性的铿锵!

事物与生活能容难同

事物归事物,生活归生活,它们总是各有各的运行模式和规律。假如我们对生活中所沉淀的点滴事物,时时都会无由头地敏感,那触发我们整个人情绪爆发的戾气,天天也会无节制地膨胀。所以,想要活得出一份恬淡的生活,就必须练就一份豁达的心量。

无论在什么时候,在什么样的情况下,我们都需要清楚地认识到,切不可把生活中的繁杂琐碎掺和到对待事物、工作的衡量中,更不要把生活中的不良脾性和坏毛病,带到参与工作的氛围中,这两者之间应该有明晰的定位和划分,才不至于相互干扰,错乱了正常秩序。

如果一个人特别容易被任何大小事物所干扰,就会变得敏感,那他的思维就会被纷扰和混乱,这必然会影响到他对待人或者事物的正确觉知和判断,那么他的坏情绪也会随之暴涨,横生的戾气也会越发加速地膨胀,处理事物的感应和效率也会因越加情绪化而降低。

如此反复,长此以往,那他工作和生活的内容会进入恶性循环的无厘头阶段,对待事物的辨证思维能力会随之减弱和消退,原本正常思维的敏锐感应会显得略微迟钝和缓慢,整个人的精神状态也会变得散懒和逐步偏向消极化。

所以,对待一些事物容易产生过度的敏感,并不是一件向好的事情,一不小心就会波及我们原本稳定的精神状况。无端地轻易涉入是非的争辩,也不是一件利好的事情。多一事不如少一事,踏踏实实地把更多的精力和注意力投放到我们分内的事物上,扎根劳作,相对应的付出才可能有相对应的收获。

不可否认,谁都想要拥有一份安宁舒适的生活,但是我们所向往的美好,从来都不会那么轻易地获得。在长途跋涉的梦想追寻中,我们需要保有一份坚实的定力,在那个我们所向往的方向上,用尽全力去拼搏和争取,去捍卫和守护好心中的光,才会享受到那一份恬逸。就像我们要熬制一碗美味的鲜汤,五味俱全,火候刚好,再加上恰好时间的熬制,才会熬出鲜润的口感,品尝到入脾入心的滋味。哪里稍不到位,味道就不一样了。味道变了,享用它的意义也就打了折扣了,我们人生的追求亦是如此。

当然,在这个过程的煎熬中,我们更需要练就和保持一份豁达的心态,坦然地去面对一切已有的现在和未知的可能,以博大的胸怀去容纳和释怀所有的扭曲情绪和愤愤不平。一些消极化的负面影响和能量流动的缺失,都需要我们能有一个极度强大的内心,去抚慰和抹平那些溢出来的不平衡。会包容的心量有多大,我们所面对的生活就会有多么恬静且丰富。

失败是道坎，人人终须过

生存让不同的人在不同的领域,有了不同的择业选择,在一切都是未知数的明天,各种挑战和尝试屡见不鲜。人在磨砺中失败的次数多了,就不害怕再多一次了。太多时候,也许并不是为了成功而不知天高地厚地妄为,却仅仅是因为要生活下去。

或许,我们都曾有过一个自己所追寻和向往的择业方向,在已知的现在和未知的以后,曾经无数次地跌倒,又无数次地站起。这每一种挑战和尝试,都是提升和改善自我的试金石。人在遭遇挫败的历练中,没有一挫到底的一蹶不振,就必然会在崛起后越挫越勇。它此时没有将我们击垮,日后我们必将征服于它。

毋庸细说,我们谁都曾经历过几次失败,在这些难以回避的常规化的惯例和情形中,怕是无一幸免。如果我们把失败的经历当作是一道难以跨越的坎,那它就会是处处妨碍和限制我们的一道坎,就会成为一件我们认为过不去的事情,还会一天天地消耗精力,直到彻底地崩陷。其实,真正能拖垮我们的并不完全是挫败所带来的摧残面和受压面的负能所累,另一部分原因是来源于我们自身的不能接受,是我们没有接受和消化失败的容量,无法面对生命中的挫败感。

如果我们能以包容的心态去接纳那些我们以为的失败,能打开我们束缚的心胸,包容一切失败的负累,换一种思维角度与它化敌为友,使它和思想深处的自我相融合,逐步调整和适应,并能勇敢地去接受、去面对它所造成的冲击和伤害,那么就能回归我们原本内心的平静和安宁,以修复和强大我们自身的力量。或许,我们最后会豁然开朗,如释重负,能以一颗平常心去接纳和面对每一次失败对于我们思想乃至人生的挑战。

其实,它可能并没有我们想象中的那么悲催,也可能并没有我们以为有的那么大的威力,也并不可能完全操纵我们的意念,我们要把它当作是一种暂时的过渡,是一种挑战思想和人生的超越。所以,我们该如何选择以怎样的方式去面对它、跨越它,并且能够释怀,或者从中能获取到哪些有用的经验和总结,这些才是重点和关键。

如此看来,失败并不是一件多么可怕的事情。它只是教会我们如何去修复自我,只是激发我们挑战和跨越极限的一种极为有力的生存途径,也是学会接纳和超越的成长途径。在我们的生活中,它总是那么不可预期,却需要我们每个人用心去经历。

失败这道坎,想要跨越和战胜它,并没有一步到位的捷径,它就是一种需要我们认清事实和面对事实的存在,并能与它相适应和融合的一段心路成长的历程。它可能会在我们已知的和未知的某一个时段和期限里,以不同程度的创伤突发性地出现和到来。

第九章

引爆生命能量

一个人真正的强大,是内心和思想上的壮大,是无论处于何种生存状况中,都能持衡并储积到那种能让生命膨胀的能量。

我们所储集和现存的能量,有的是受到正向事物的鼓舞所激发出来的,有的却是受到反向事物的冲击所刺激出来的。其一,我们要具备对事物的感知力,并从中吸取能量;其二,我们要有应对反向事物冲击的抗击力;其三,再将这两种能量转化并融合为我们自身储备的有效能量。

无论我们人生中的某一个阶段,处于什么样恶劣的生存条件下,都要适应并保存好自身的原有能量,以免被过多地消耗掉。同时,还要随时接收和注入外界给予我们的能量,以及一些冲击面所激发的能量。

那么,如何引发生命的能量,并将它发挥到极致呢?在多数时候，大致可分为这几种情况：

一种是正能量。无论是在正常的状态中，还是在非常的时期中，我们都需要多接触和接受一些正能量的事物，来唤醒我们本身就存在的那股潜藏的正义感，引发并强化正能量对于我们的鼓舞和影响，多吸收和储积一些正义的能量。

一种是负能量。当我们在被某些恶势力冲击或者毁灭的时候，很容易诱发我们情感、思想上的抵触和愤怒，这种消极的状况保持的时间越久，所储积的负能量就越多，会引爆邪恶的引力就越大，这不仅对我们自身无益，而且对周边的环境和事物也存在着或多或少的安全隐患，无论对谁都是一种消耗和损害。

一种是原生能量。它是我们本身就具备和存在的内在能量，是一种维持和饱和我们初生状态和现生状态的原生力量，是植入生命本身的衡稳能量，也是出自生命本能的一种力量。正是因为有了它的存在，我们才能维持生命体正常和有效地运行。

一种是多重平衡的能量。当我们过多地吸收外在的能量时，就需要我们适当地去调试或者平衡，将其运用和发挥到正确的方向上。我们以吸收正能量焕发的正义的力量，来壮实我们内心的强大，丰富我们自身的能量；我们以应对反向事物冲击的力量，将它转化为受我们自身所能调动的力量，并将这两股动力有效地均衡、平和，融合为受我们自身原生力量所能支配的生命能量。

我们只要以恒定耐力，在每一场参与事物的重重检验中，提升和壮实我们的命能储量，并能游刃有余地掌控好这些原有能量和外生能量的储积和有效发挥，将它的效力保持和平衡到稳定的状态中。那么，在任何一种情况下，我们都会有足够的力量去应对和解决任何一件事情。

怀大可渡疆

人和人本质的区别并不大，而实质的区别在于：有人心系个人恩怨，有人心系民族大义，有人心系国家命脉，有人心系世界和平。不一样的人生价值取向，就会塑造不一样的行为动向。

人之初，性本善。其实，在为人之初，我们人和人本性的差异并不大，而在生命塑造的过程中，形成了不同级数的比量，其中是以每个人不同的道德修为、品行、思想的高度来定位他本身的格度和局限的，从而产生了实质性的差异。

总会有人心累于自己，总是会过度地纠结于一些私人的怨愤，走不出那个牢笼般的怪圈，果真如此的话，整个人的状态可能都会被影响及扭曲，甚至会把所有的悲伤和快乐全部都建立在仇恨和怨愤之上，来满足于宣泄所囤积负面情绪的一种快感。

所以，如果谁正置身于这般状况中时，那他所有的情绪可能早已脱离了快乐本身的快乐、痛苦本身的痛苦，被一层幽暗的盔壳笼罩在黑暗的牢笼中，丢失了原来本真的喜怒哀乐，甚至于付出一生的代价都难以抽身。突破一个平衡点，并且修复、释放自我，直到生命最后终结的那一刻，那些愤懑与幽怨才会被永久地消除。

总会有人大义凛然，将切身利益置于身外，沸腾着满腔热血，热衷于民族大义,信奉于民族信仰,永远都会把民族的信仰、国域的繁衍兴旺,看作是和自身的命脉同步成长的,甚至超越了自身的生命价值。

总会有人心系国域情怀,胸为四方,怀似巍山,臂如江海,装得下的是万丈山河,盛得满的是大地如歌。他们时刻感受着民族的脉搏,关注着国域的动向,无时不刻在为国家命运和民族命运的共同流转而焦心劳思、尽心竭力。

总会有人关心维护着世界的和平与稳定,他们胸怀坦荡,热情澎湃,他们可以把私欲置之度外,可以舍身忘己,不吝一己得失,就大我舍小我,顾大家轻小家,时刻与人民、与民族、与国家、与世界的命运共存亡。

这些不同的人所投放到生活和思想行为上的不同反应,大多源自于在每一种不同的时期和状态中,他们有意向地择定在那个时期当中所吻合于自身的和恰合于他方的需求。我们坚持怎样的一种价值观,就会有相应的行为动向和目标宗旨。

在同样的外在条件下,每个人所能达致和练就的思想修为和所能容纳的量,总是会存在着各式各样的级量和限度的差异。但是,总会找到一个适应各自本身施展和发挥的地方,我们所会呈现出的某些外在的行为,恰恰也是各自内在的思想修为的真实映射。

逆道坦途在人心

越是窄的路,就越能找到过去的方法,条条大路都畅通,走过去也没什么特别的。在我们的活动范围受到一定局限时,我们的思想和行为反而更容易倾注于一个集中的方向上,并在这个方向或者领域当中有所突破。一条众人都去抢着走的路,即便随大流一拥而上,在那么拥堵的空间中,也根本显不出什么别样来。相反地,我们去选择一条没人走或是很少人走的路,相对发展和活动的空间才会更大一些。

一些事物的范围越是受到局限,活动空间越是窄小,我们对于事物的认知和选择方向就越是鲜明,就越容易提炼出好的方法,去应对任何一件复杂的事情。因为在有一定限度的空间内,没有太多的选择性,人的精力和注意力反而会集中在一个点上,对待事物有着更清晰的觉察力和辨别力,所获得的论证和成果也会更加精准和正确。

事实上,在某种环境和条件中,或者在某一个领域中,我们所面对某些物种的范围限度越是宽广,可择定的目标越是各样多变,我们对待事物的选择和辨别度就越是缥缈不定或者不够鲜明,很难在一个定位方向的着力点上,真正地下到功夫。相对而言,我们去应对它的方法,也只会是某种一体化的概论,而很难有高精准的局部化结论。

就像我们在遇到一条很窄的河流时,我们只需要丢一块石头或者搭一个便桥,就可以轻松地跨过去,而在一条宽阔的河流中,即便丢一块或者更多的石头进去,都是水没石沉,可能都看不到石头丢到哪里去了。所以,针对一些事物的应对方法和选用上,并不是说在一些大的环境和空间当中,就更容易浑水摸鱼,而恰恰相反的一面是,可能手是伸进去了,却连块石头都摸不着,甚至都不会有人觉察到谁跳进水里,打过几个水漂,才明白鱼都不知道游到哪里去了。由此可见,对于事物的选择方向不对,使用方法不对,即便投入再多的时间和精力,也有可能是徒劳无功。

很多时候,一些必要的限定,可能只是某种外在的局限,对于一些事物或者环境内在的限度和理解,唯有我们自己去寻找途径和开创有效的方法。只有在一个有限度的特定的环境中,才有可能挖掘和发挥出自身的潜能,唯有专注于一个适合于我们施展和发挥的区域,才能提炼出这个区域里最精炼的学识和才干来,凝结出更多精华。

所以,是窄的道路,还是宽的行途,完全在于我们自身的应对和理解。当我们甘愿被某些外在所局限时,我们的行为就会被思想所囚禁。当我们的内在思想可以突破外在的局限时,我们就会开辟一条通行的途径,就不会受到任何掣肘。

识人所长，避人所短

任何事物所浮现的外在关联，多是简体化的展现，而一些事物内在的隐象面，多是繁复化的。看人所有的，多识对方的长处；不看人所没有的，不揭露对方的短处。在待人接物的过程中，我们既要学会扬长避短，不轻易暴露难以补足的地方，也要学会取长补短。

我们总是害怕过度地痴迷于某一事物当中，由于太过深入地进入，近距离地去触碰事物的本质，往往现实和想象中的差距会打破空间相隔的美感，在我们过度正面直入地接触事物时，就会扩大事物本身显现的美感，相对应地，过度反向抵触，同时也会扩大事物本身显露的差异。

在我们探查和揭示某种事物的深层面时，反馈于我们的感应差，有时候就会扭曲或者脱离幻想空间中的美好。我们可能会发现所觉察到的细节，或许并不像我们所想象和认知到的或是想要觉察和领会到的那样，它可能会是另一种不与现实相符合的陌生模样，甚至产生莫大的反差值。

我们越是深入地触碰到细微面的东西或者事物中翔实的纹络，越会让我们产生恐惧感，以致出现抵制和抗拒的情绪。我们对于事物内在的纤维组织分辨地越透彻，它的深层面就会反弹性地增加抗拒的阻力，在一步步地深入到隐象面时，那种发现和警醒后的对于我们精神层面的那股威慑力，却在隐秘的探寻中无言以对。

所以,我们尽管去挖掘和发现事物的向好处。在一些美的事物当中挖掘更多的美好,发现更多的优长,不要过度地揭露事物的短缺。在一些我们认为不适宜的人或事物面前,要知道适可而止,退一步海阔天空,不过多地纠结和掺搅到深入的地方和过多不可触及的细节,就是对他方保持了最好的距离与尊重。

在择定某些事物时,我们需要尽所能地在一些擅长的领域中用功夫,这样才能创造出匹配于我们的价值。如果在一些不擅长的领域中消耗时间,也许让我们感觉更多的只是一种不明究竟的好奇,若创造不出更好的价值,就要适可而止。因为一些不适宜我们的东西,往往也是让我们无法参透和所理解的,若无法找到恰好的用力方向,就难以在其中施展自身的才能。

扬身之所长,避身之所短,擅于发现一些人或事物的优长,不过度暴露任何人或事物难以补足的短缺之处。谋事之利,避事之弊,做我们擅长做的事情,并待以反馈,不在让我们感到匮乏的事物上纠结,过度消耗自我。懂人所懂,避人所憎,在与对方打交道中,选择对彼此有共识的方向,不在对方所不了解的事物中,过分地表现自我。对事施力,反事不究,在对的方向和适宜的事物上,投入时间和精力,施展手脚,不在和我们不相适宜的事物中探究所以。

时间沙漏

时间就像过滤器,它会滤掉埃尘中的所有不悦,最后可以留下的,便是深刻的美好。时间又像筛子,它会筛掉思想和生活中的所有浊物,最后可以存放到记忆里的,便是永恒的思绪。

时间可以接纳和负担任何不被我们所接受,或者认为不堪负荷的事物,也可以疗愈那些我们曾经无法面对和无法抚平的种种或深或浅的伤痕。它可以把一切负重转化为轻装,也可以把忧重淡化到轻快,还可以把童真转变为练达,让悲情的苦面再重新绽放美丽的笑容。

时间的奇妙就在于它可以把那些不好的事物,搁架到某一个隐秘的时间隧道的时区里,随着时光与空间的推移和转化,便可以将囤积太多的杂质一点点地过滤,将那些不好的事物都遗忘在某一个角落里,把所有的沉淀物和排放物都稀释。只要我们不主动去触碰那个时区,不过多地被某些事物的刺所触动,它们就如同一粒粒尘沙,永远地沉寂和安放在某个时区的角落里。

时间会以它特有的方式,将好的时物保存,将不好的片段释放。它会释放掉曾经那些种种困扰我们的不愉快,也可以记录下每一个时区里的美好瞬间和值得记忆的印象。它会刻画出曾经和未来的每一段美好景象,让人们充满无限的向往和希望。它会让思想穿行于时空,也可以让一缕缕遐思潇洒地远行。

我们编织的每一种梦想,都有可能在时轮的更替中,开出丰硕的花果；我们抱有的每一种希望，都有可能在它的旋转中，撒满阳光的种子；我们绽放的每一种欢喜，都有可能在它的记录里，焕发出栩栩如生的彩光；我们流露的每一种忧伤，都有可能在它的淡化和重重的过滤后，消失得无影无踪。

时间就如同人们记忆中的一道置好过滤网的闸门，它可以漏掉生活中所有的混沌和尘浊，也可以锁得住人生中所有美好的记忆和精彩画面。它把这道闸门的滤口，夹放好一层层的滤芯，客观、理性化地排除掉那些浑浊物，一重重地过滤到纯清。我们总是需要打破忧患的禁锢，总是习惯性地愿意留住和守护生命中那些深刻的美好。

时间可以漏掉残浊的沙石，将它埋葬在记忆的最深处；时间也可以滤出最精细的丝沙，将它安放在最耀眼的地方。人生中不如意的残缺和生活中忧扰的感伤，都可以在时空隧道里找到最好的存放地点。无论我们曾经置身于何景何物之中，承受过何种悲伤，只要经过时间的洗礼和净化，就会放下那些该被遗忘和释怀的，到最后可以浮到上面的，便是从容的美好。

第十章

▰▰▰ 原来的样子

我会感悟人生中的很多道理,但不会纵容太多的杂念,所以,渴望生活一直能保留原生态的样子。人生本来就是一部多重化的集合本。它的宽度和厚度包括思想的提升和进化,生活的阅历和事物的参悟,以及对社会形势和生存环境的认知和观测。这种种的积累和提炼,才叠加出了思想和人生。

许多人生的道理都是在我们亲身经历过后,才会从中有所领悟,在我们穿越事物表层及内里所滞留的外在形式上的泡沫、杂汁和污垢后,便学会了把那些认为美的瞬间牢牢锁住,把生活中所有的都归放到原生态的样子,如此的向往和追逐,该是一种何等超脱的思想意境和生活态度。

任何人或事物的最初面,都是最纯粹、务真的本质面。我们初识人和事物时的感知,影响和记忆也最为久远的。原生的东西之所以珍贵,是因为它能脱离了世俗的杂味,让我们更容易接近它最深邃的内在本质和最纯粹的东西。

在繁杂的生活现状中,总有一些意想不到的事情偶尔出现在我们面前。太多时候,我们也总是会被周围的环境和纷纷扰扰的事物纠缠不休,人的意念也会在那些熙熙攘攘的喧嚣声中慢慢消磨。唯有再受到某一事物偶然的触动,那一瞬的清醒才会让我们发现,有多少人、多少事都已记不起来时的模样,有多少笑、多少伤已不在来时的路上。

在这个飞速流转的时空中,时代进展越迅猛,事物的转变越神速,社会形势的变化和人群前行的步伐也会越抽离了原有的存留状态。一些浮躁、思愁和碎片化的思想充斥眼前,开始学会现实、世故和专私化,再难找到人世间原有的那股纯实味道。

如果我们都能适当地放慢脚步,将繁杂的事物重新整理和置放,不要过度地纵容许多杂念杂物丛生,剔除思想的碎片化流输,在我们思想中或生活里的一个角,腾出一块安宁和祥和的圣地,重新过滤和孵化好事物、生活和思想本质里那片圣洁的净土,让心灵的深处获得一份释放,让纯良和友善的原生化景物,生枝蔓叶,开花馥郁。

那么,我们的生存环境、生活和思想上的浮动,至少在某一个阶段,可以归复到原生的模样。因为我们所能附存的载重物和思想的负荷面,总是需要有调整和限制的,就像是高科技智能化的运行,也需要有个缓冲的过程。在我们感觉过度劳累的时候,不如给心灵挪出一片空地来,给自我放个短假,让我们的心绪和生活在静逸中保持休眠,让我们的思想及灵魂得到凝练和净化。

原委相衡

有一种放弃,不是一时一刻的冲动,而是深思熟虑后该有的结果;有一种坚守,不是一时一刻的萌发,而是反复思量后该有的坚持。最重要的是无论在哪时哪刻,我们对于所做出的任何选择和决定,都不要轻言后悔。但凡是我们认为必须要去实现和完成的事情,即便再难,也要义无反顾;只要是我们决定必须要舍弃和放开的事情,哪怕再痛,也要舍得割舍。

在我们对一件事情有所投入的时候,在开始有所洞察的同时,对于事物中产生的细节也必会有所觉悟;在我们对事物的某些面有所抉择的同时,对于事物的其他面也必会有所漏失;在我们对事物进行揣摩的同时,对于事物的结论也必会抱有希望。

当我们需要回避不切合实际的事物时,不要因为一时间的鲁莽或者偶然间的冲动,一定要经过反复的思量和验证,从中获得体会与结论。同样,我们坚定的每一种守护和信仰,也不能是一时一刻的萌发,必须要依靠思想上的共鸣或者共同事物的参与,才有可能稳定。

无论是对于任何情况的背离或者是任何事物的坚守,不管是提及曾经余存的过往,还是正在拥有的现在,抑或是正在期许的将来,都不要轻易地去后悔那些我们曾经共同走过的岁月,也不要轻易地去否定任何一件我们共同参与的事情,更不要过度地去担忧和揣测还未进入的以后。既是曾经的相互选择,就不该去妄图揣测;既是现在的同参共事,就不该去轻言放弃;既是未来的美好期许,就不要立刻去填补空白。

事物的层次总是存在着多样化的阶级或者级量化的变化和转移,当然也必然会存在着多层面的需求和选择,我们对于某些事物的择求定量,有确定的拥有就必然会存在着确定的失去。我们去洞察一些事物,就必然会有着或深或浅的意识觉悟;我们去揣测一些思维转化和行为变化,就必然会有或大或小的觉知与发现。

凡是我们思想所能够抵达的,或者是能够以思想进阶和探查的地方,就必定会存在着人生哲理的洞见。所以,我们对于事物的投入和探查,也会存在着相对应的思想和结论的觉知反馈。对于事物所产生的任何定量和结论,我们不要凭某一时段轻言以对的率真和不假思索的设定去妄自论断,而要在反复的思量、重重的思想论辩和行为的参与后再做评判。

以冥想穿度春秋

我以冥想领略大千世界,将世界融入了自然,将自然嵌入了生活,在生活中相遇了自己。

用脚无法抵达的地方,就用冥想去穿度吧;用口无法言说的壮美,就用灵魂去感受吧;用眼无法领略的风景,就用心去丈量吧。

世界上难免有许多让我们难以企及的东西,和难以亲身历经的山川和远方。愿望难免有一些难以兑现的荒凉,和难以用自我标准实现和满足的遐想。

有形的世界,往往会有触及棱角的跌撞;无形的神往,却装满了玄妙,让人没有抵达不了的地方。现实锢结了我们的脚步,我们却可以用冥想去神往;视觉限制了我们的远度,我们却可以用思想去步丈。

我把灵魂插上彩蝶一样的翅膀,飞越了大半个地球,踏遍了山川牧野,亲抚了每一寸肥沃的土壤。我把思想接入灵敏的触角,去感触生灵万物的气象,感知了每一种生命的活力与绽放。

我在原野里嬉耍,在川流边流连,我在细细地聆听滴水的吟唱和冰雪的融化,祈盼川野揭去那银装的素裹。我细抚那春风舒卷的枝丫,淡淡的清香拂面掠过,我感觉到生命的至上和赞礼,正向着春天发出深情的呼唤,赏析着万物苏醒时的模样。

我奔走在夏日的暖阳里,一道道斑斑驳驳的彩光撒到身上、脚上、脸上,沉醉的心似乎也在骄阳的普照里一起融化;我穿越那丛林绿洲,繁茂的枝条架起一蓬蓬油绿的树荫;我吮吸到每一缕干净的气息,仿佛遨游在一片绿色的海洋。

丰收的果实带来沁鼻的芬芳,我舒展味蕾,一种种细细地品尝。收获的喜悦伴着秋天的清爽,将这甜美滋味一一分享。我拾起一片片秋林的落叶,捧在手心里仔细端详,夹在书本里反复欣赏,留作每一份记忆里的收藏。

雪域的冰峰触发我极限的畅想,我攀登在峰腰,神鹰争相盘旋,向往达致那至高的峰端。我把冰雪的辽阔天地当作一副素白的画卷,好似雪的白,没有一切白胜过它的白,将生灵的鲜活收入为画里的景象,一笔一画描绘出冬的素美和雄壮。

我横跨过湖海江河,脸颊和衣角沾满水花的印痕,在面前荡漾起一波波清凉,好似清洗掉了脑海里万般浑浊的杂想;我游走过街巷重楼,抚摸过绿瓦红墙,看那人间袅袅烟火,漫过眼帘的缕缕道痕,好像又穿越回儿时的浮想。

我把灵魂的每一份净悟,挥洒到广袤的沃土之上,四处飞扬过我到往的斑斑痕迹;我把神往的每一个地方,遐想的每一步游走,游观的每一处景象都标识好,并记录下每一场思想的行程,在意念里好好安放。

我用最纯洁的心灵点缀最真实的生活,用最鲜活的生命装点最有趣味的人生,用冥念穿度神往了最美的景象。在最干净的思想里,相遇了最本真的自己。

让未来留在未来揭开

人生何须提前预测未来,无论以后会走向怎样的人生,都必将会经历每一幕的现在,保全好每一幕的过往,珍惜着每一场的现在,渴望每一个明天的到来。也许没有任何的预幕和彩排,也许已备好了最好的安排,把好我们自己的节拍,才能更尽情地喝彩。

或许,我们的生活大多都关联在已知的过去和现知现觉的现在，由此从懵懂走向深明。至于未来究竟在哪里，谁都不能提前找出来，那我们又何必过度地去揣测那些未知的以后呢？

　　人生的前路没有准备好的预告，也没有列过纲的彩排，只会一步一个脚印地向前行进，只有我们已经走过来的过去，和可以看得见的现在。无论我们现在是以什么方式的存在，或者我们以后又能走出什么样的精彩，那都必将是一场又一场未知的期待和未领略的风采。所以，认真对待每一种已知的现在，不要过度奢望任何一种未知的未来……

　　每识得的一个人，每做过的一件事，每走过的一段路，都会在人的记忆中烙上一个鲜明的记号，只不过有的随着时间的推移显得更加鲜明，有的经过岁月的洗刷淡出脑海。在我们的人生行程中，每一种体验和经历，我们都该为它的出现呐喊和喝彩。

　　其实，我们能比肩同行在这条人生的路上，就注定要与欢喜和悲伤相接并行，就必将要历尽崎岖和坦途。活在每一个当下的时分，我们能有机会认真见证过每一种生命划过的神采，不要过多地在意那些泥泞的搅拌，不要过多地计较谁的好与不好。只愿多存留一些美好瞬间，可留在以后的记忆里追溯和思怀。管它未来究竟有多远，我们谁都不曾明白……也许是明天，也许是比明天还远的将来，也许是将来仍未探寻到的未来……

　　或许，我们愿意期许和欣赏的美妙，就在于它是难以探知的奇光异彩，不便轻易地去触碰，却有遐思的悠远。不投入过多的幻想，却仍抱有一份期冀。如果昨天平静如水，那今天就可能遇到更加澎湃的浪排；如果现在的人生黯淡无光，那下一刻的生活就可能绚丽幻彩。人生的步调总是起起落落,未来的愿景时隐时现,至于明天到底会如何,谁都难以说明白。

  不如留一点空白到现在,平添下一刻未知的幻彩,取一片田景为幕,择一件趣事游采,用心领悟什么叫活着的风采。用力感知我们每一种经历着的现在,让今天的当下活在现在,把明天的光景扎个谜彩,夹在心里头好好置摆,让以后的以后,留到更遥远的未来,总会有人要揭开……

后　记

　　本书分别以"哲思"和"论道"为切入点,以不同的思维角度,通过对于人和事物由浅入深地接入和探索,展开思维探查,以及解译理性、客观的思想论述。将不同的思维线索对引,从各自的延伸线条和趋向,剖解它内在的关联及所形成的各自规律和展现风格。以"理性"和"感性"分别对生活中所形成的各种问题,进行思维的思辨与推敲,对不同程度的问题深度剖解,从对人的思维及思考角度的不同层面和对事物形成规律角度的关联层面加以论证,并从中发掘和悟察到一种思维。

　　"哲思篇"主要是以对不同事物间接或直接的探索,探寻不同事物的内在关联和外在展现模式的内外对称之间,也存在着第三种思维转换的延伸空间,剖解它们内修及外化的实际关联,从中打开一道全新的思维探寻线索,并逐步形成规律。将事物中存在的复杂问题逐步分解,一一淡化。将事物中所形成和固积的死结,细化到可以分解的模式,引向一个全新的思维通口,从中建立一种事物运行的顺行模式,将问题事物的恶化重心逐步转移,并就此消融和化解。从不同事物的外在边缘逐步摸索探查,从自我思维深度深入不同事物逻辑运行的轨道中,探查内在的逻辑,以外现融于内化的方式,在一些事物存在的僵化面搭建起新的释放通道,从而获得有效分解,并能在这种全新的思维方式、逻辑运行通道的编序中合理运作。从而也验证了任何事物的形成和发展,都存在着一种外现及内示的自然运行规律。一旦某种事物中的运行规律遭到破坏或者形成僵化面的自耗消损,问题一旦陷入深度严重的状态,难以扭转和分化时,就需要接入一种全新的思维模式,将僵局逐一分解,从另一个视角找到突破的出口,重新建立和步入正常的运行轨道。那么,所有的堵塞、缺漏和顽化的死结,也将迎刃而解。

"论道篇"主要是以对人生、生活的多方面观察和人生思考主线为切入点,对生活和人生的深度感悟,引发出一系列思想内在的思维建设。通过对人性的深度探查和觉知,剖悟人性思想意识建设与行为动向意识建设的内在关联,和人性中所潜藏的强大内存力量的隐现关联。从不同的思维视角,探查人类思想境界的无限域度,和可深度发掘和延伸的空间,以内在潜藏力量的发掘和爆发,建塑一种好思想和趋向后天发展的走势。这对于人如何抵御重创和外压,自我化解及建设的内修拓展,起到了双重扩边的作用。主要通过以人介入不同事物中的参与,以及探查不同的人在遭遇不同创伤度的冲击后,应该如何在最短的时间内获得自我疗愈,如何进行全方位的自我修复,以及如何再度实现完善自我思想和行为重建的进阶过度,给出了思想性的建设意见,对以指

后 记

引和疏导。以自我内在思想深度介入事物，对各种不同人生阅历的融入观察和感悟，从不同的角度觉察和审视，由浅入深直入思想与事物关联的内在建设，发掘更多思想面细微化的隐象关联和过度与转化，以及对所会导向的结果进行多重面的深度思考和认知发现。再深入浅出地以鲜明、直观的入思手法，对人在面对不同苦难和遭遇后，会出现和经历的思想过渡时期，以及可能会发生的人性转化，还有如何从中获得自救，应该怎样应对思想和行为重塑，提出种种看法和解译，进行思维调试，从而获得释放的能量。重点阐释了人生中所经历的不同生活，对于人性的思维观、价值观、人生观的改观和再造，会起到一定的推动作用。

全书对人和事物深度探查，一步步地引申出一套思想论，通过反复推敲和逻辑思维推理论证，证实了事物形成和存在的运行规律的某种内在关联。以从人性的多方面深入挖掘，引发人性思维线条的延伸和建设，获得更宽广的思想域度的探寻和发现。以人和事物的逻辑思维共建、事物延伸和发展的运行规律的再度发掘，开辟出一个思维渡口和思维延伸再建设的通道。从多种不同的维度和视角，反复思辨和论证了人性内存力量和思维域度的可无限延伸。

本人希望本部作品的出现，能为广大有需求的读者朋友们提供一种思想多重维度的疏导和指引，并帮助化解和排除生活中一些实际存在的问题和障碍。本作品的深化和提升，仍在深入探索和剖解当中，如有创作思维的漏洞及欠缺等，望广大读者朋友们能够积极指出，并赋以宝贵意见，加以多方斧正。